2022 年度内蒙古自治区哲学社会科学规划项目
多民族交往交流交融视角下呼和浩特汉藏结合式经殿建筑研究
项目编号：2022NDC246

内蒙古地域建筑学理论体系丛书 / 张鹏举　主编

内蒙古汉藏结合式

历史建筑

Sino-Tibet Styled Historical Architecture
in Inner Mongolia

托亚　尚大为　著

中国建筑工业出版社

图书在版编目（CIP）数据

内蒙古汉藏结合式历史建筑 = Sino-Tibet Styled
Historical Architecture in Inner Mongolia / 托亚，
尚大为著. —北京：中国建筑工业出版社，2023.9
（内蒙古地域建筑学理论体系丛书 / 张鹏举主编）
ISBN 978-7-112-29206-6

Ⅰ. ①内… Ⅱ. ①托… ②尚… Ⅲ. ①古建筑—建筑
艺术—研究—内蒙古 Ⅳ. ①TU-092.2

中国国家版本馆CIP数据核字（2023）第184647号

本书从缘起发展，建筑生成、发展、演变过程，建造历程，演变分期等几个方面，对内蒙古地区汉藏结合式历史建筑进行细致地整理、分类和研究，并通过田野调查的考察方式，翔实地记录下这些历史遗存的影响和数据，以期为我国历史建筑研究留下珍贵而有意义的文献和资料。并以独特的地域性特征、演变发展的规律、演变发展的内在生成机制为创新点，探讨纵向三殿式的历史建筑特征。以期为地域历史建筑的研究为建筑领域研究者留下翔实的资料和文献。本书适用于高校建筑历史研究相关专业本科生、研究生以及历史建筑研究的事业单位、考古研究单位等从业者阅读参考。

责任编辑：张　华　唐　旭
书籍设计：锋尚设计
责任校对：姜小莲
校对整理：李辰馨

内蒙古地域建筑学理论体系丛书
张鹏举　主编

内蒙古汉藏结合式历史建筑
Sino-Tibet Styled Historical Architecture in Inner Mongolia
托亚　尚大为　著

*

中国建筑工业出版社出版、发行（北京海淀三里河路9号）
各地新华书店、建筑书店经销
北京锋尚制版有限公司制版
天津裕同印刷有限公司印刷

*

开本：787 毫米×1092 毫米　1/16　印张：10¼　字数：160 千字
2023 年 9 月第一版　　2023 年 9 月第一次印刷
定价：**128.00** 元
ISBN 978-7-112-29206-6
　　　（41924）

序
一

　　当今建筑学领域，技术日新月异，新发明和新创造层出不穷，为建筑学的发展带来了前所未有的可能性。我们一方面很容易被技术创新所吸引，另一方面也不自觉地忽略了那些根植于我们文化中的宝贵地域建筑遗产。事实上在这个高速发展的时代，地域建筑学的研究依旧扮演着至关重要的角色，在我国当下建筑发展由量到质的转变时期，重新审视地域建筑的价值依然十分重要。

　　内蒙古，这片广袤的土地上孕育了独特的自然景观和深厚的文化底蕴，其传统建筑因地制宜，蕴藏了丰富的建造智慧和美学价值。内蒙古工业大学建筑学院秉承对地域文化的尊重与理解，深耕于此数十年，不断探索与实践，将地域性、时代性、科技性有机结合，取得了令人瞩目的成果，成为中国地域建筑学教育、实践的重要基地之一。他们的成果不仅有对传统建筑文化的继承与弘扬，更有对现代建筑技术与理念的创新与应用；不仅有对国内外建筑学理论的学习与借鉴，更有对本土建筑的文脉、技艺、美学特质的深入研究与实践。可以说，内蒙古工业大学建筑学院在中国地域建筑学教育、学科建设、设计实践等方面已经树立了一个典范。"内蒙古地域建筑学理论体系丛书"的出版标志着内蒙古工业大学建筑学科建设又迈出了坚实的步伐。

　　"内蒙古地域建筑学理论体系丛书"涉及了内蒙古地域建筑学的多个方面，包括建筑文献史料、地域传统建筑研究以及当代地域建筑的创新实践，更有面对当下时代主题的地域性建筑绿色性能营造理论和实践，其中部分关于地域古建筑的研究还是抢救性研究。因此，这套丛书不仅有助于我们更全面地了解内蒙古地域建筑学的内涵和特点，也为进一步推动内蒙古地域建筑学的发展提供了重要的基础和支撑，同时还具有史料价值。首次的九本是对过去相关研究的一次总结，未来研究还将继续并不断出版。我相信，在内蒙古工业大学建筑学院的不断努力下，内蒙古地域建筑学一定会在未来的发展中取得更大成就。也相信，"内蒙古地域建筑学理论体系丛书"的出版，将丰富和完善中国地域建筑学的理论体系，激发更多的研究与探索，为地域建筑学的整体发展注入更多的活力与智慧。

作为在建筑学领域教学、实践和研究多年的同道，我为内蒙古工业大学建筑学学科建设不断取得的成绩感到钦佩和欣慰。"内蒙古地域建筑学理论体系丛书"这一成果标志着他们在推动我国地域建筑学发展上取得的又一个成就，无疑将成为我们今天研究地域建筑历史、理论、实践和教育的有益读本和参考。

最后，我向长期致力于地域建筑学研究和教学的所有老师和学者们表示最深的敬意，同时也祝愿这套丛书能够激发更多人对我国地域建筑学的兴趣和热情，促进我国建筑学科更加繁荣和发展。

庄惟敏

中国工程院院士

全国建筑学科评议组召集人

全国建筑学专业教学评估委员会主任

全国建筑学专业学位研究生教育指导委员会主任

自从建筑学成为一门学科以来，"地域性"以及与之相关的讨论就一直是建筑基本属性中的关键问题。地域视角下的建筑学不仅是单一技术领域的研究，其更融合了建筑对环境的理解、对文化的敏感性和对社会需求的回应。这一过程使建筑学得以成为一门与自然环境、文化、历史、社会背景紧密相关的综合性学科，为当下建筑学与其他学科的交叉融合创造了条件。

地域建筑学的观念发展于 20 世纪中叶，肇始于建筑师和理论家对于现代主义建筑提倡的功能主义和国际风格的批判和反思。地域建筑学学科体系通常包括环境与气候适应、文化和历史文脉、地域风格与装饰系统方面的研究。随着可持续和环境保护意识的增强，这一领域的研究开始更多地关注如何通过当地建筑材料与传统建造技术的应用，以及生态友好的设计策略降低建筑对环境的影响。这一方面的内容包括可持续发展和生态设计、材料科学和建造技术以及城乡规划中地域性等相关问题的讨论。

内蒙古特有的地理气候条件和人文历史环境为该地区的建筑文化提供了丰富的资源，其中大量的生态建造智慧和文化价值需要进一步挖掘和研究。针对内蒙古地域建筑学研究起点较低以及学科体系发展不平衡的问题，内蒙古工业大学建筑学院的相关团队进行了一系列的积极探索。第一，通过实地研究的开展，建立了内蒙古地域的传统建筑文化基因谱系与传统建造智慧的数据库，为该地区传统建筑文化的研究和传承提供了丰富的基础资料。第二，通过将内蒙古民族文化背景下的建筑风格、建造手段、装饰艺术与现代设计理念的融合，发展出这一地区的地域建筑风貌体系以及建造文化保护的相关策略。第三，通过地域建筑遗产的保护、更新，以及当代地域性建筑的营建活动，积累了大量的地域建筑设计样本，并在此基础上形成了适应时代需求的内蒙古地区建筑设计方法，促进了理论与实践的结合。第四，在以上研究与实践工作过程中，针对不同的研究方向组建和培养了相应的师资团队，为地域建筑学科在教育和研究领域中的深度和广度提供了保障。以上内容从人文与技术两个维度出发，构建了内蒙古地区地域建筑学研究的理论框架，为该地区建筑学科的发展奠定了坚实的基础。

本丛书是对上述工作内容和成果的系统呈现和全面总结。内蒙古工业大学建筑学院团队通过对不同地理空间、不同时代背景、不同技术条件下的内蒙古建筑文化进行解析和转译，建构了内蒙古地域建筑学的学科体系，形成了内蒙古地域建筑创作的方法。这项工作填补了内蒙古地域建筑学的研究空白，对于内蒙古地区建筑文化的传承以及全面可持续发展的实现具有重要意义，也必将丰富整体建筑学学科的内涵。

内蒙古地域建筑学是一个开放且持续发展的研究课题。我们的目标不仅是对于现存内蒙古地区传统建筑文化遗产的记录与保护，更在于通过学术研究和实践创新，为内蒙古地域建筑的未来发展指明方向。在此诚挚欢迎同行学者的加入，为这一领域的研究带来新的视角和深入的洞见，共同塑造并见证内蒙古地域建筑的未来。

张鹏举

前言

内蒙古汉藏结合式经殿建筑作为藏传佛教文化的载体，成为蒙古族产生城市文明之后最重要的建筑文化景观。汉藏建筑文化的融合是内蒙古地区藏传佛教建筑的重要特征，建筑类型十分丰富。

自公元 1578 年起，藏传佛教格鲁派传入内蒙古地区，在其生根、成长的过程中完成了汉、藏两个民族建筑文化的碰撞和融合，经殿建筑的形制也随之发生演变，形成了内蒙古地区特有的汉藏结合式格鲁派经殿建筑——"纵向三殿式"，在内蒙古中部地区有着广泛的影响，甚至一度成为官式样式，本书聚焦于此种类型，剖析其文化、建构成因。

"纵向三殿式"经殿建筑是清朝文化统合策略的产物，是"萨迦派遗留式"向"格鲁派三段式"过渡阶段的建筑形制，本书以"物质层面——建构逻辑和使用逻辑""内涵层面——建筑文化"的逻辑脉络作为基本研究模型，由外及内、由表及里、层层深入，确保了研究思路的科学性。

笔者对书中所研究的 14 座寺院 24 座经殿建筑建立了完整的建筑信息档案，以期研究历史、建构、宗教与建筑载体的互动关系，解读"纵向三殿式"经殿建筑产生、发展、演变的内在机制。

研究发现，汉藏建筑文化结合的过程并非一蹴而就，而是由表及里、由简单到复杂、由单置到融置的动态过程；其次，"纵向三殿式"经殿建筑的建造逻辑和使用逻辑不统一，建筑形制的演变过程就是逐步解决建造逻辑和使用逻辑之间矛盾的过程，它是过渡文化形态的体现；最后，内蒙古地区的经殿建筑具有三重功能，它既是宗教建筑也是政治建筑、教育建筑，经殿建筑的建筑形态、汉藏结合方式，因其职能偏重而有所区别。据此，本书具有理论与实际意义，为全面建构建筑文化历史与理论研究提供了重要线索，为后续的深入研究、价值评估提供了资料准备，为建筑遗产保护、二次开发提供了理论指导。

目录
Contents

第五章

融合模式

汉藏结合式建筑风格的召庙建筑是蒙古高原璀璨的文明，是能工巧匠智慧的结晶，是多元文化、多民族交融的见证，更是历朝中央政府文化统合策略的体现。草原上的召庙是蒙古族文化的重要组成部分，草原召庙文化的独特性质影响着草原人民的世界观、人生观、价值观。对内蒙古召庙进行深入探源分析是整理国故的重要内容，是当代建筑历史学术研究的使命。

第一章

绪论

图 1-0-1　内蒙古乌素图召鸟瞰

第一节　研究背景

内蒙古召庙是内蒙古物质文化遗产中最主要的组成部分，截至 2014 年统计共有 118 座召庙，其中有 23 处属于全国重点文物保护单位，占内蒙古地区国家保护单位数量的 17.2%，占建筑类国家保护单位数量的 71.9%，在各类遗产项目中均列第一，可见内蒙古召庙是内蒙古物质遗产中最具代表性的遗产种类 [1]。

藏传佛教建筑创始之初就融合了汉、藏两种建筑文化，赞普王松赞干布为文成公主修建的布达拉宫是最好的例证（图 1-1-1a）。1206 年成吉思汗建立了蒙古帝国，至此开始了征战驰骋的军事行动 ①，在这个过程中，积极吸取、学习其他民族、国家的文化与技术，并把其掌握的文化与技术带到了其统治区，促进了各民族文化的交流，文化壁垒就此打破。元朝时期蒙古人拓展了国家边疆，促进了民族融合，再次把中国传统建筑技术传入西藏地区，

---

① 　1206～1391 年的近 200 年间，蒙古国版图已经达到 3300 万平方千米。

加深了汉、藏建筑文化的融合，萨迦寺在此时期进行扩建，形成一座城寺（图1-1-1b）。明末，阿勒坦汗与格鲁派联盟，蒙、藏恢复建交，藏传佛教再次传入蒙古高原，彼时大兴土木、建造寺院（图1-1-1c），然而藏式的建造技术并未传入，所以经殿建筑采用了中国传统建筑形式。清初，藏传佛教格鲁派经殿建筑形制成型，反向中原地区输送建筑文化，在内蒙古地区汉、藏两种建筑文化相结合，产生了独特的建筑形式（图1-1-1d）。

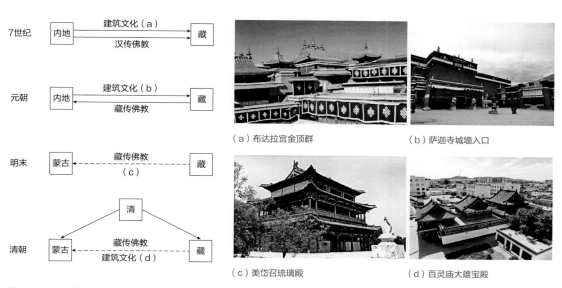

（a）布达拉宫金顶群　　　　　　　（b）萨迦寺城墙入口

（c）美岱召琉璃殿　　　　　　　　（d）百灵庙大雄宝殿

图1-1-1　建筑文化传播历史阶段分析图
（来源：图1-1-1（b）来自网络）

第二节　　研究意义

中华文明源远流长，漫长的历史发展进程中形成和谐共生的价值观，其核心理念是世间万物在保持其独特性、多样性的基础上可以形成良性互动关系，达到和而不同的境界。汉藏结合式经殿建筑正是中华文明理念和价值取向的体现，本书聚焦于"内蒙古汉藏结合式历史建筑"的研究，理论意义、现实意义如下文所述。

一、理论意义

首先，重新审视内蒙古召庙保护的内涵。内蒙古地区的召庙作为载体，见证和记录着隐藏在其背后的多民族融合的文化，探究内蒙古召庙正是对社会主义核心价值观的深度挖掘。宗教建筑所反映的是在特定历史时期、特定地理条件下人与自然、人与人之间的关系，或是人类对所有关系的一种把握方式。内蒙古召庙是蒙古族人民的建造智慧、工程技术、审美理念、社会伦理等文明成果的载体，客观、真实地反映着当时社会的政治、宗教、文化和思想，蕴含着源远流长、生生不息的智慧，是中华文明不可或缺的重要组成部分。召庙作为一种表现形式，既是物质财富，又是精神产品；既是技术的产物，又是艺术作品；是蒙古族人民的文化标志，在特定的历史时期推动了当地文明的发展和进步。

其次，本书以"内蒙古汉藏结合式历史建筑"为研究对象，扩充了蒙古族传统民居的研究范畴。召庙作为蒙古族人民由游牧生活向定居生活转变后最重要的建筑文化景观，元、明、清各朝各代，其庞大的建设工程都得到了中央政府不同程度的支持，尤其是在清政府的支持下，在内蒙古地区广建寺院，是蒙古高原衍生城市文明的重要因素。现阶段对于藏传佛教建筑的研究主要侧重于对现存建筑的勘测调研，仅限于客观事实、物质层面的研究，并不能透彻地解读历史遗存；有些学者总结了内蒙古地区召庙的特征，例如"佛殿平面是正方形[①]""佛殿经堂分别而设"等，并未究其原因，因此在实录性的研究之外，本书致力于将建筑遗存的背景、内涵，按照逻辑关系组织起来，解读建筑文化与建筑形式之间的规律关系，以期丰富藏传佛教建筑的科学研究。

最后，本书依托文脉主义的"元语言"与"对象设计"的理论视角，以期为探寻内蒙古经殿建筑"汉藏融合"的设计原则提供理论依据。由于蒙古族属于游牧民族，在漫长的历史长河中并没有具有蒙古族民族特色的固定建筑形式，蒙古包被认为是蒙古高原最重要甚至是唯一的建筑文化景观，而针对内蒙古地区藏传佛教建筑，不少学者则困惑于它对地方文化的传承意义和保存价值。历史建筑是承载各种生活方式的精致容器，是人们追溯和追思的记忆连

---

① 标准的格鲁派三段式经堂的平面为正方形，佛殿平面为矩形，大多两进深，一进布置佛像，一进作为礼佛空间。而内蒙古地区的格鲁派经殿建筑经堂、佛殿俱为正方形，例如美岱召大雄宝殿、大召大雄宝殿、百灵庙大雄宝殿等。

接，具有不可复制性，弥足珍贵。汉族的建造技术、藏传佛教的思想形态以及蒙古族的传统文化在蒙古族定居之始就融合成为一个无法分割的意识形态体系，容纳于内蒙古召庙中。

二、现实意义

首先，本书聚焦于内蒙古汉藏结合式历史建筑，解析了其在演变过程中独特的地域特征。五世达赖掌政时期，格鲁派三段式的布局形式被带到中原地区，内蒙古地区出现了具有地域特征的格鲁派经殿建筑。在建筑史的研究中，如果只强调对普遍特征的归纳总结，往往会忽略对象的个性特色，本书在格鲁派三段式普遍性的基础上探讨了内蒙古地域的特殊性，将地域性研究作为深化内蒙古召庙研究的途径，并提出"纵向三殿式"的称谓。

其次，建立逻辑性、科学性的研究过程。目前学术界对于内蒙古地区藏传佛教建筑的研究存在空白，尤其是有关汉藏结合式的研究不够细致和系统，因为它之于传统的藏式建筑或汉传佛教的寺院建筑都属于地方式样。内蒙古汉藏结合式建筑类型十分丰富，难以有统一、明确的解释框架，研究藏传佛教建筑的学者提出了"汉藏结合式""藏汉结合式""汉藏混合式""藏汉混合式"等概念，用以概括藏传佛教建筑的艺术特征[2]。本书从汉藏建筑文化相互融合的角度出发，打开认知藏传佛教建筑的新维度，解读汉藏结合的动态过程和汉藏融合的模式，进而重新认知"内蒙古汉藏结合式历史建筑"。在历史的洗礼中，藏传佛教的传播顺应时势，建筑形制不断演变发展，但也出现了两方面的问题，一方面是趋同，另一方面是缺乏逻辑的"自创"，使得建筑发生了"失语""错乱"表达的现象。对于古建筑保护的研究，在建筑测绘调查的基础之上，同时也应该注重古建筑中设计原则、设计手法的继承。

最后，致力于探索人与建筑的互动关系，挖掘建筑的叙事内涵。作为地域深层文化结构的重要组成部分，本地区召庙建筑的创立、发展和消亡见证了一个民族在一段特定历史时期所走过的路程，是"蒙藏联盟""多民族交融"的发生容器，犹如厚重的"史书"，对于蒙古族民众别具"叙事"与"记忆"意义。历史印痕与民族符号元素被浸润、固化在建筑中，对汉藏结合式经殿建筑的研究，旨在解析汉藏建筑文化、探索民族传统智慧，同时为建筑遗产保护、二次开发提供理论指导，寻找实现地域建筑文化可持续性的重要途径。

本节对涉及"内蒙古藏传佛教建筑""汉藏结合式"主题的现有学术成果进行了列项分类和归纳总结，首先分析了国外学者对内蒙古召庙的研究，其次分析了国内学者的研究，进而横向对比了国内学者对于藏传佛教建筑中汉藏建筑文化融合的研究。通过文献综述法，以期达到以下三个目的：

1. 厘清研究现状——了解当下国内外在"藏传佛教建筑"领域内有关"汉藏结合式藏传佛教建筑"关注的问题及研究成果等；

2. 确定研究定位——了解当下该研究命题学术成果的特定视角和研究新意；

3. 确定研究对象，梳理研究背景——针对研究定位选取需要调研、分析的召庙，同时从文献中梳理研究对象的历史背景。

一、内蒙古召庙国外研究进展

内蒙古召庙具有鲜明的建筑特色，对我国山西、河北等地以及蒙古国的藏传佛寺产生了较大的影响，因地理位置的局限性，对世界产生的影响相对较小，所以国外罕有学者专门研究内蒙古历史建筑，只有中国周边国家的个别学者对内蒙古地区的藏传佛教寺院进行了调查研究，他们将自己的研究成果编著成书，为后续学者提供了可借鉴的宝贵资料。

20世纪初，日本学者从西方接受了建筑史学科系统教育，兴起了对中国古建筑的考察与研究，其研究目的是希望通过中国古代建筑的实例和图像找寻日本古代建筑的起源，所以说日本学者开辟了对内蒙古召庙具有学术意义研究的先河。《马关条约》之后至抗战结束前的50年，日本对中国持续不断的侵略行径使得日本学者得到了在中国调查和研究的便利条件，众多日本学者趁机在中国进行实地考察、考古发掘、民族调查等工作，是日本学者在中国展开研究最为活跃的时段[3]。

日本考古学家鸟居龙藏于1905年开始对内蒙古召庙进行了重点研究，他多次前往蒙古高原进行实地调查，并出版旅行游记《满蒙古迹考》《再探满蒙》。在他的著作中，从考古学、民族学、美术史角度进行了广泛的讨论，并与日本进行横向对比。例如，在《东蒙古现存的金刚界曼陀罗砖塔》这篇文章中，他将内蒙古地区佛像的表现形式与日本妙法院本金刚界曼陀罗进行了对比研究。

长尾雅人[①]曾在内蒙古留学，专门研究藏传佛教。1942年夏季，因受当时满铁调查局的委托，长尾对五当召的广慧寺和巴噶的贝子庙（汉名崇善寺）进行了历时五个月的调查研究。1947年，他将此次旅行考察的成果编著成书——《蒙古学问寺》[②]，在京都的全国书房出版[4]。金申翻译了该书中"关于藏传佛教的神像"[5]一章，文中从佛像设置的角度介绍了呼和浩特大召、小召、席力图召和包头福徽寺整体布局的特点。长命翻译了"喇嘛庙的分布及其存在形态"[6]一章，文中长尾指出喇嘛庙可分两种，一种为"学问庙"或"学问寺"，另一种则为"活佛庙"或"崇祠庙"[③]，这样的划分对研究内蒙古召庙具有重要的意义。长尾雅人用"蒙古学问寺"一词，是仿用古代日本人对法隆寺[④]的称呼。由于当时学术研究条件及历史背景所限，文中有多处错误，但是从研究内蒙古历史建筑的角度来看，该书有一定的参考价值。

韩国学者金成修在内蒙古大学修读博士学位期间，将明清时期藏传佛教在蒙古地区（今我国内蒙古自治区以及蒙古）的传播进行了系统梳理，从历史的角度对蒙古地区藏传佛教的发展以及蒙古各部与藏传佛教之间的相互关系进行了深入研究，出版了著作《明清之际藏传佛教在蒙古地区的传播》。金成修的研究着重从藏传佛教在蒙古地区的传播与发展角度叙述召庙建立的历史背景和当时的宗教状况，他提出阿勒坦汗与三世达赖建交是蒙古族统治阶级的政治理想，是为了恢复元朝的"政教二道"。

包慕萍[⑤]于2006年前后，多次赶赴内蒙古地区，对召庙进行了实地调研，获得了第一手详细资料，从建筑学的角度进行了系统研究，研究成果丰富，并将其撰写成文发表于学术期刊，如清华大学主办的《中国建筑史论汇刊》收录了《蒙古帝国之后的哈敕和林木构佛寺建筑》《建筑文化传播与交流的研究现状与课题——以中国少数民族地区为例》等文章。在《蒙古帝国之后的哈敕和

---

① 1907年8月22日，长尾雅人出生在日本东北部的仙台市。他的父亲名叫云龙，是净土真宗的一名僧侣。1925年，长尾雅人进入京都帝国大学附属第二高等学校学习。1928年毕业后，其开始在京都帝国大学文学部哲学科学习，获佛教学文学学士学位。1925~1971年，他一直在京都大学任教，讲授佛学，连任副手（相当于助理研究员）、文学部长、名誉教授。1950年，长尾雅人因为《中观哲学之根木立场》一文获得文学博士学位。1968~1989年，他还担任日本的西藏研究会会长一职。长尾雅人是一个渊博的语文学者，通晓梵文、巴利文、藏文和蒙古文。在大学时代，长尾雅人师从著名佛教学者松本文二郎，学习印度哲学。松本文二郎是创立京都帝国大学文学院的六大教授之一。

② 在书中长尾雅人对亲眼所见的蒙古藏传佛教"大学"，做了充满同情和赞赏的描写。

③ 藏语里，"崇祠庙"叫作"lha-khan"，意即"佛殿"或"神殿"；"学问庙"在藏语里叫作"gtsug-lag-khan"，即"学堂"之意。

④ 法隆寺是日本研究佛教义理学的中心，所以被称为"法隆学问寺"。

⑤ 包慕萍之前任东京大学生产技术研究所研究助理，现任日本大和大学理工学部准教授。

林木构佛寺建筑》一文中，包慕萍先生横向对比了韩国、日本同时期的佛教建筑，在亚洲木构佛寺建筑的文脉中探讨了内蒙古召庙的空间布局源流，进而具体分析了内蒙古召庙中三大殿横向一字排列的平面布局与兴元阁①、皇龙寺②以及元大都佛寺的关联。通过比较研究，指出室内封闭礼拜廊道的平面形式并非格鲁派做法，而是13世纪萨迦派寺院做法的遗存[7]。此外，包慕萍的研究还指出"大召并非一次建成，建造初期布局平面应为十字形，经堂是后期温布洪台吉所建"。

国外学者对于"内蒙古地区藏传佛教建筑研究"取得的成果以对比研究为主，把内蒙古召庙和亚洲其他地区的建筑进行横向比较，尤其是日本学者的研究特点是多以他们熟悉的日本古建筑作为参考，如长尾雅人参照法隆寺，引入了"学问寺"的称谓；鸟居龙藏则对比了内蒙古地区的佛像与日本保存的金刚界曼陀罗；包慕萍横向对比中国、韩国、日本的寺院布局，探析了空间布局源流。然则，国外学者对于内蒙古召庙的研究多以具体寺院作为研究个案，缺乏对历史文脉的整体考量以及建筑形式的演变研究。

二、内蒙古召庙国内研究进展

我国对内蒙古召庙研究是以测绘调研为基础，并不断扩充研究内容，逐步形成研究体系。研究过程可以划分为三个阶段：第一个阶段始于中国建筑史研究的初期，这一时期的研究成果主要对中国古建筑进行了全面的调查、测绘，将调研所得资料分门罗列、整理归类，具有一定的开拓意义；第二个阶段对内蒙古召庙进行了多层次的分析研究，梳理了建造的历史背景，剖析了建筑功能及形式，归纳总结了建筑形态；第三个阶段集中在国内的高校学者，研究成果以建筑学专业的学位论文以及期刊论文为主，其中也有学者将研究成果出版成书，该阶段的研究具有针对性、近地域性的特点，这一时期的研究开辟了真正意义上的理论形态研究。

（一）调查整理研究阶段

国内学者对中国建筑历史的系统研究源自朱启钤领导的中国营造学社[8]，梁思成、刘敦桢两位建筑大师是最初的代表，内蒙古召庙的研究即始于此。学社

---

① 兴元阁建于13世纪，位于哈剌和林，高达300尺。
② 皇龙寺建于6世纪，位于韩国。

致力于研究中国传统营造学，刘敦桢担任文献组的主任，从事古代建筑实例的调查、研究和测绘以及文献资料搜集、整理和研究，发表且出版了一系列开拓性的学术论文、书籍，对日本学者的研究作了补充与修正。其中《中国古代建筑史》《佛教对于中国建筑之影响》等都涉及内蒙古召庙，《中国古代建筑史》中更是详细描述了位于内蒙古呼和浩特的席力图召大经堂的建造特点和建筑形态[9]。

自梁思成开始研究中国建筑史之后，张驭寰作为梁思成先生的研究生及秘书，秉承梁公宏志，继续学习、考察，专门研究中国古代建筑史。张驭寰先生走访了内蒙古地区，调研了几十座召庙，著有《中国西部古建筑讲座》《中国古建筑答问记》《古建筑的符号》《中国古建筑散记》等，书中记录了大量调研考察的藏传佛教寺院，他十分重视内蒙古地区的藏传佛教建筑，甚至单独著书《内蒙古古建筑》，书中他提出"汉藏混合式"[10]这一术语，描述了内蒙古召庙的总体布局及建筑风格特点。

宿白先生于1959年远赴西藏，考察藏传佛教寺院遗迹，彼时寺庙建筑多被国家管理，为建筑调研提供了便利的条件，宿白先生针对建筑细部绘制了大量的测绘草图，尤其详细绘制了所有测绘大殿的"托木"，对"托木"的演变进行了分期研究。同时，宿白先生所著的《藏传佛教寺院考古》，是第一本将藏传佛教建筑进行分期演变研究的著作，书中有一章"呼和浩特及其附近几座召庙殿堂布局的初步探讨"，是关于内蒙古历史建筑的研究，将内蒙古召庙与西藏藏传佛教建筑进行横向对比，对前者进行了建筑形制的探源研究。

在这一时期的研究中，以上学者在著作中提出了"汉藏结合式""汉藏混合式""蒙古式"等专业术语，用以描述内蒙古经殿建筑风格，除了张驭寰先生给出了明确的定义，其他学者仅使用描述的方法对这种建筑风格进行了总结。此类研究作为基础资料具有重要价值，着重讨论了现存内蒙古历史建筑的基本情况，并未深入研究召庙的历史背景、文化内涵、演变发展。

（二）多层次分析研究阶段

在梁思成、刘敦桢两位先生的带领下，研究中国传统古建筑的队伍逐渐壮大，1949年后，古建筑测绘迎来了一个全新的发展阶段，建筑科学研究机构、文物保护考古机构和高等建筑院校，都展开了古建筑测绘调查的研究工作[11]。

20世纪90年代集众人之力，五卷本《中国古代建筑史》问世，把梁思成、刘敦桢两位大师的研究推向更深入的阶段。其中，潘谷西所著的《中国古代建筑史·第四卷：元、明建筑》及孙大章所著的《中国古代建筑史·第五卷：清代建筑》中对不同时期的内蒙古召庙进行了分析研究，梳理了藏传佛教的历史背景以及在中原地区的发展历程，指出内蒙古汉藏结合式经殿建筑对华北、四川、青海、沈阳等地区藏传佛教建筑有巨大影响，进而明确了其在中国古建筑史中的位置。

同一时期的学者还有傅熹年和萧默。傅先生侧重于设计规律及模数的研究，在著作《中国古代城市规划建筑群布局及建筑设计方法研究》中，以席力图召为例，总结了内蒙古经殿建筑的规划设计方法和规律。萧先生在《凝固的神韵》中，对比了内蒙古及其他地区的藏传佛教建筑，分析了二者的相同之处与不同之处。

第一阶段的研究搭建了中国古代建筑史的科学体系，第二阶段的研究是在既有学科体系下的深入研究，是"内涵性发掘与外延性拓展"的研究。研究内容主要集中在建筑的造型特征、构造处理、比例规则、装饰细部等物质载体层面，至今，这仍然是中国古代建筑史的主要内容，这一研究的基本精神，仍然没有脱离西方人将建筑史纳入艺术史范畴中的学术思路[12]。通过傅熹年及萧默的研究，可知这一时期研究手段与研究目标得到拓展，建筑理论的研究已经处于萌芽阶段。

（三）理论形态研究阶段

在前辈学者搭建科学体系、拓展研究手段及目标之后，第三阶段的研究对内蒙古召庙进行了更加全面、系统、细致的调查研究，此时期高校作为古建筑测绘调查活动的主要承担者，不同于以往，这次的研究活动融合了教学、科研和社会实践，以此为基础，一方面进一步展开理论层面与思想层面的研究，另一方面拓展了测绘调研的范围，涉及园林、村落等领域。现有研究①的内容以描述建筑形态特征为主，研究定位以建筑实录为主，建立了"选址－布局－建筑－装饰"的研究框架，从宏观到中观再到微观的研究思路。其中具有代表性的是张鹏举教授研究团队的成员在内蒙古全域进行了大规模的普查，完成了数十篇学位论文及多篇期刊论文。《希拉木仁庙建筑形态研究》（张宇，

① 针对第三阶段研究成果以高校学位论文及期刊论文为主的特点，笔者对内蒙古藏传佛教学位论文、期刊论文、基金项目进行了检索分析（见附录）。据笔者不完全统计，21世纪以来，在建筑学专业学位论文范围内，以内蒙古藏传佛教建筑作为研究对象的博士学位论文仅有1篇，是张鹏举先生所著的《内蒙古地域藏传佛教建筑形态研究》；硕士学位论文有13篇，以内蒙古工业大学与西安建筑科技大学为主。在建筑学专业核心期刊论文范围内，相较于其他地域的藏传佛教建筑研究，以内蒙古藏传佛教建筑作为研究对象的文章相对较少。

2011)《内蒙古大召寺建筑遗产价值研究》（李娜，2019）等一系列论文对独立的一座召庙做系统研究；《清卓索图盟中东部藏传佛教典型大殿研究》（李佳，2015）、《清治蒙政策下北京和内蒙古地区藏传佛教建筑形态比较》（刘书妍，2015）等论文则以专题性研究进行论述；《试析文化建筑的空间类型——来自内蒙古藏传佛教建筑群的启示》（白丽艳，2008）、《内蒙古地域藏传佛教建筑形态的一般特征》（张鹏举，2013）则高屋建瓴地从全局角度出发总结了内蒙古召庙的共性特征。在掌握大量调研资料的基础上，张鹏举教授出版了著作《内蒙古召庙建筑》，该书系统地论述了内蒙古召庙建筑形态的影响因素、发展的历史时期等内容，同时从召庙简介、历史沿革、保存状况、建筑做法、测绘图纸及现状等方面，对内蒙古自治区地域范围内重要的召庙历史遗存进行了系统的整理和归档。张鹏举教授分别于 2007 年、2011 年申请了两项国家自然科学基金项目，其研究组的成员分别于 2015 年、2016 年、2022 年申请了三项地区科学基金项目以及一项青年基金，并将研究范围扩展至漠北蒙古[①]。以上研究，为本书提供了大量的基础性资料。

笔者有幸在 2007～2010 年参与了张鹏举教授的两项基金项目，并参与了《内蒙古召庙建筑》一书的调研工作，硕士研究生期间在张教授的指导下完成了关于"佛像设置与寺院空间布局关系"的研究，本书是基于硕士、博士期间研究的深度思考。

将现有第三阶段研究成果整理归类，以文献类型、研究对象的时间范围、研究定位及研究形态为依据，进行对比分析（图 1-3-1），分析、总结建筑学领域研究中的特点与倾向：

1. 既有学术成果中专项研究明朝建筑的研究只占 9%，专项研究清朝建筑的研究占 38%，其他研究对寺院的建造年代没有限定占比 53%。这反映了已有研究成果没有把时间维度当作重要的因素进行分析。

2. 已有学术成果的研究定位非针对性研究占 28%，区域性研究占 34%，具体案例研究占 35%，多区域研究占 3%，可见现有研究注重整体性和系统性。

3. 已有学术成果中侧重描述性和实录性的研究占 78%，分析性的研究占 22%。可见，现有研究以一种建筑文化现象的常态视角看待内蒙古藏传佛教寺院建筑，总结了内蒙古地区藏传佛教建筑的特征，这些既有成果提供了大量的基础图形资料，对本书分析性研究的开展给予了有力的支持。

---

① 漠北现分属俄罗斯、蒙古、中国等，与"漠南"相对。

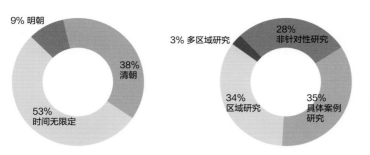
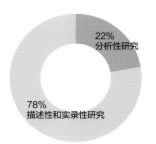

图1-3-1　建筑学领域研究成果分析图

基于以上现有学术成果的研究倾向，本书建构时空坐标，关注文脉背景对建筑形制的影响，致力于内蒙古汉藏结合式经殿建筑形制的演变研究，并深入探究建筑形制成型的内因。

三、既有研究总结及本研究观点

中国营造学社创立之初，便明确了历史文献结合实地调查测绘的研究方法，开创了中国人自己的建筑史学研究，在大规模的古建筑调研活动之后，学社逐渐明确了测绘调查、年代判断、分析总结等方面的研究思路，形成了科学、系统的工作程序，也成为其后中国建筑史学研究的"标准范式"。在研究标准范式的指导下，内蒙古召庙建筑的研究中，古代建筑遗存的客观性研究占据主导地位，主要集中在艺术风格探索与技术发展研究，例如建筑的布局特征、空间形式、造型装饰、纹样彩画等一系列研究上，这两个方面是建筑历史研究的重要领域，因为建筑的发生与发展，就是由不同时代建筑艺术风格的变迁与建筑技术水平的演变而构成的 [13]。然而，如果只从这两个领域去认知建筑，好似以管窥豹，会遗漏很多信息。国内学术界对内蒙古召庙建筑的研究拓展到多个历史范畴，从更宏观的角度、更多的维度进行解读，同时还借鉴了其他学科的科学体系，如心理学、符号学、现象学等概念，以及认知地图、量化分析、问卷调查等调查分析方法。一言以蔽之，当下的研究重点开始注重多领域的融合与交叉。综合现阶段研究进展，笔者有以下两个观点：

1. 既往研究虽关注建筑形制的演变，进行了分期研究，却忽略了一所寺庙的建成往往经历了数年甚至数代，经殿建筑在这个过程中不断地加建甚至重建，如果研究仅停留在既有的客观事实，就会忽略建筑形制的动态发展。

2. 既有研究已经关注到内蒙古召庙建筑"汉藏结合式"类型的多样性，

却很难以一个客观、单一的标尺去归纳其特征，因为促成"汉藏结合"的原因有众，笔者认为需要梳理发展脉络、建立时空坐标才能理解各个阶段"汉藏融合的模式"，寻找背后的生成逻辑。

因此，本书着眼于汉藏交融视角下内蒙古地区经殿建筑的研究，关注汉藏互动关系下经殿建筑在内蒙古地区的缘起、发展过程、成熟形制、衍生模式。

第四节　　内蒙古汉藏结合式建筑研究理论框架

随着对内蒙古召庙建筑研究的不断深入，"汉藏结合式"的经殿建筑是内蒙古地域性的典型案例，因而对"汉藏结合式"进行了专项研究，从单一的建筑单体扩展到建筑类型、建筑文化、地域环境等方面。从传统的实地测绘、文献考察逐渐扩大至社会学、文化学、哲学、环境行为学、民族学等多领域交叉贯通融合的研究方式，研究对象也脱离单纯的建筑体，逐渐深入民居文化生活层面。

一、"汉藏结合式建筑"的相关研究

20 世纪初期，随着对传统建筑文化的重视，国内的学者和研究组织对藏传佛教建筑开始了大规模的深入研究，目前在全国建筑学范围领域内，以汉藏结合式藏传佛教建筑为研究对象，具有代表性的学术机构有很多。

（一）地域特征研究

地域性是藏传佛教建筑的重要特征，尤其表现在汉藏建筑文化的融合上，不同地区所表现的汉藏融合模式不一。王浩以藏北四大主要派别寺院建筑的历史发展为脉络，研究了该地区藏传佛教建筑的布局、建筑形制等，他提出各个派系受到传统建筑文化的影响不同，汉藏建筑文化融合的程度也不一样[14]。梁威的研究范围在藏东，藏东作为西藏地区的门户，藏传佛教建筑在传承藏式传统建筑风格的基础上，呈现多元性、地域性、过渡性的特征[15]。李臻赜研究了川西高原藏传佛教寺院建筑，他认为川西地区的藏传佛教建筑呈现内层区域向次层区域过渡的阶段性特征，具有文化的混合性与过渡性。他从"立面特征"的角度分析了"汉藏结合式"，他认为藏式建筑的立面一般分为"上、下"两段，而汉式建筑一般分为"上、中、下"三段，因借鉴了歇山顶的形式，川西高原藏传佛教建筑的立面也呈现出三段式[16]。吴晓红研究了拉萨地区的藏传佛教建筑，强调了歇山顶的屋顶形式对西藏地区的影响，并指出汉式建筑元素丰富了藏式平屋顶单调的天际线[17]。

牛婷婷从派系的角度研究了西藏地区格鲁派寺院，基本延续了汪永平教授团队"布局—建筑—细部"的研究逻辑，文中第八章对青海地区、甘肃地区、内蒙古地区以及清朝时期皇家格鲁派寺院进行了梳理，归纳总结了内层区域、次层区域、外层区域的地域特色。文中指出内蒙古地区汉藏结合式的经殿建筑更多体现在建筑技术角度上的交融，并且汉藏结合的建筑风格是满足统治者要求的，适应自然、社会等各种条件的藏传佛教寺庙的衍生形式[18]。

龙珠多杰认为藏传佛教文化从其核心卫藏向外衍射，在外围地区时藏式特色的寺院建筑形制逐渐减弱，尤其是紧邻中原地区的多康地区出现了汉藏结合式的建筑风格，他总结了文化的过渡与融合主要反映在寺院主体建筑的屋顶形式及外部装饰[19]，而这一融合现象在内蒙古地区也存在。

行政区域划分与文化影响范围常常并不相同，张曦则是从线路研究入手，以茶马古道沿线作为研究范围，以历史文化线路动态作为研究视角，对汉藏建筑文化的互动关系进行了研究，他指出茶马古道沿线的藏汉结合式建筑基本主体是以藏式建筑为主，在钦措大殿中心附加汉式大屋顶[20]。

（二）代表性寺院研究

有一些具有代表性的寺院，例如萨迦寺、夏鲁寺是在元朝政府支持下建造的寺院。据文献记载，元朝政府不仅派送内地的黄砖和琉璃瓦，还派出了工匠修建该寺院，由于派往西藏地区的琉璃瓦片不够，汉地工匠在当地取土烧制，培养了当地工匠的烧砖技术，将汉式建造技术传入西藏地区。牛婷婷提出西藏地区早期因没有技术支持，建造哲蚌寺时多从中原汉地请匠人建造寺院，汉藏结合的建筑风格主要表现在装饰的鎏金屋顶以及门口、檐下的斗栱[21]。郑斌详细分析了大昭寺建筑空间形态中的平面和纵向空间特征，在此基础上归纳总结了建筑元素的特点，他指出大昭寺的建造历经了四个阶段，最大规模的扩建（第四阶段）在五世达赖的支持下完成，觉康佛殿的四个金顶建造于该时期（17~18世纪）[22]，藏传佛教经殿建筑形制融合了印度和我国等多元建筑文化，已经走向成熟和完善。陈玮对色科寺进行了专题研究，色科寺是一座以藏式为主、藏汉结合的建筑群体，经殿建筑采用传统的木架结构，个别重要级别的建筑屋顶覆盖金顶、琉璃顶，在建筑装饰方面也多有汉式元素，尤其是木雕建筑艺术堪称一绝，在空间意识的研究上，李江指出色科寺的寺院布局不讲究横向对称，而是注重纵向延伸的空间序列体系，这种建筑布局主要是受"三界"意念的影响，把天界的虚境移置于人间，把心造的宇宙构想变成可视的直观图景[23]。

（三）其他地区的研究

除了西藏及其相邻的地区，还有学者关注到了其他地区的汉藏结合式藏传佛教建筑。柏景与杨昌鸣先生对甘肃、青海、四川、西藏地区的汉藏结合式建筑进行了讨论，他们从建筑文化形态、多元建筑风格特征、建筑类型进行了分析和归纳，最后剖析了汉藏结合式建筑文化融合的内在成因，归纳为五点：自然地理因素、经济因素、物质材料因素、宗教因素、政治因素[24]。其研究思路对本书具有一定的指导性，建筑形态是表象，需要层层深入，剖析内在生成机制。李江着眼于明清时期甘肃、青海地区的藏传佛教建筑，明初河湟地区藏传佛教建筑的典型平面形制都采用方形平面，研究进一步指出这是汉式建筑为了适用于藏传佛教旋形仪轨而产生的，清初藏传佛教经殿建筑逐渐形成了固定的格式——藏式传统平顶建筑与汉式大木作建筑的结合[25]。

刘立坤研究了青海地区颇具盛名的塔尔寺，寺庙建筑群规模宏大，主要由汉藏结合式的经殿建筑组成，主体木构建筑的建造历经明清两朝，多附有金瓦歇山顶，木构架清晰完整并附有非常复杂精致的装饰[26]。

除了建筑风格，汉藏建筑文化的融合还体现在寺院的总体布局上。董旭对具有"小布达拉宫"别称的普庙进行了研究，他指出普庙中汉藏建筑风格相结合的琉璃瓦顶建筑共有7座，建筑群的布局形式为"外藏内汉"[27]。仇银豪从总体布局的角度分析了北京藏传佛教寺院汉藏结合的方式，他认为妙应寺的整体空间布局方式为汉藏混合式，前半部为汉传佛教式，后半部为藏式的塔院——须弥灵境由北半部的汉式建筑和南半部的藏式建筑共同构成[28]。

二、经殿建筑研究的基础理论应用

由上文可知，内蒙古召庙建筑研究中"汉藏结合式"是重要的研究方向，下文就此研究方向，对现有成果的研究角度与研究方法进行梳理。

（一）建筑类型学领域内汉藏结合式经殿建筑的研究

分类意识和行为是人类理智活动的根本特性，建筑作为人类文化的一部分，凭着人类自身思维构筑分类网架，从而指导建筑设计。类型并不意味着形象的统一，而是意味着某一因素的继承，这种因素内在的观念就是形成模式的法则[29]。

从走访调研阶段到理论学术研究阶段，为了便于研究，学术界将内蒙古召庙建筑风格分为汉式、藏式、汉藏混合式三种类型，这种分类方法十分粗放[30]。事实上"汉藏结合式"的建筑类型十分丰富，汉藏的建筑元素以不同的组合方式融合为一体，呈现出灵活多变的建筑形态及空间秩序。

对于内蒙古召庙建筑的研究是从建筑形制、构造的研究开始的，而且在很长一段时间内都是建筑历史学术研究的中心。刘敦桢的研究主要集中在对结构技术及艺术风格的探索，他针对墙、窗、木门廊、屋顶、色彩、横向装饰带的形制特征对"汉藏结合式"的建筑风格进行了总结[9]。在刘敦桢先生总结的基础上，萧默进一步提炼，将藏传佛教寺庙分为藏式、藏汉混合式和汉式三种[31]，他采用了比较学的研究方法，将内蒙古及华北地区两个地域的建筑进行比较研究，指出"内蒙古则以藏式为主的藏汉混合式居多，华北地区大多是以汉式为主的藏汉混合式"[31]。张驭寰先生可谓是对内蒙古召庙进行普查的第一位学者，他从整体布局、建筑单体两个层次对"汉藏混合式"给出了明确的定义解释。他认为汉藏混合式的总体布局依据地形的不同，可分为两类，一类是在山区，采用藏式；另一类是在平原地区，采用汉式[10]。继而他以呼和浩特地区的召庙为例，总结了殿堂建筑的建筑形态特征是一层及装饰细节为藏式，二层为汉式歇山顶[32]。从总体布局及单体建筑两个方面对"汉藏结合式"给予了明确的术语释义的学者还有潘谷西先生，他认为元明时期内蒙古地区的召庙建筑最常见的便是"藏汉结合式"，其明显特征是在汉式佛寺的基础上，在中轴线的后部通常布置一个主体建筑——藏汉结合的大经堂。以此为基础，潘谷西先生又深入分析，他认为"藏汉结合式"也可分为两类，一类偏藏式，

另一类偏汉式 [33]。

以上学者的研究都是以具体案例研究为主，结论难免"以偏概全"。张鹏举教授在对内蒙古地区召庙建筑进行普查之后，对经殿建筑的形态进行了总结，他归纳总结了六个共性特征，分别是类型丰富、布局多元、藏式为母、规制式微、建造技艺粗放、具有近地域性 [34]，进而深入探讨了导致类型丰富的原因——政治因素、文化因素、宗教仪轨的影响。张鹏举教授的研究涉及整个内蒙古地区，探讨了元朝时期至今的召庙建筑，时空范围较广，在此基础上，本书选取明末至清中这一历史片段，对内蒙古汉藏结合式历史建筑的生成、建造、汉化进行深入研究。

（二）演变研究在汉藏结合研究中的实践

作为宗教建筑，其重要价值呈现了特定的宗教文化，以唤起人脑中固有的形象 [35]。类型学可作为"阅读"宗教建筑的手段，从"历时性"和"共时性"两个角度认知经殿建筑。"历时性"主要研究建筑形式特征的历史变化与发展；"共时性"则研究建筑形式的组合，现有成果在这两个方向都各有研究。

宿白先生将藏传佛教经殿建筑的形制放在一个时间序列中进行考量，侧重研究对象的相互关系、变化规律、发展序列。他认为内蒙古召庙建筑分类比较和研究的结果呈现出较为鲜明的渊源关系，从时间向度来看，大约可分为格鲁派形成之前的明代建筑、清代乾隆时期之前的建筑以及乾隆时期的建筑三个阶段 [36]。

张鹏举教授同时还关注到了内蒙古召庙建筑演变的历史分期，他将演变过程划分了四个时期，并总结了每个时期的特征："初期——或改或借""发展期——汉风统领""成熟期——藏式风靡""后期——无创无新"。笔者对"纵向三殿式"的发展演变进行了分期研究，然而建筑形制的发展演变是连续的、关联的，本书补充了各个阶段关联性研究。

韩瑛教授从经殿建筑中特殊的片段——都刚法式的经堂 ① 入手，对建筑进行解析，寻找经堂中标准的、统一的建筑元素，进而分析不同于其他建筑的特殊元素。

---

① 格鲁派宗教建筑中最重要的部分就是经堂。

（三）文脉主义对汉藏结合研究的启发

部分学者尝试进行设计规律的探索[29]。傅熹年先生的研究侧重于探寻古建筑的设计规律，他的研究致力于证明古代汉式建筑有一整套用模数和模数网格控制规划、布局和设计的方法，可保持寺院、建筑群、建筑物的统一协调，并对共同风格的形成起重要作用。他以席力图召为例，总结了建筑群和单体建筑的规划设计方法和规律[39]，并推论了内蒙古召庙的总体布局方式，归纳总结了经殿建筑建构方式的设计思路（图1-4-1～图1-4-4）。

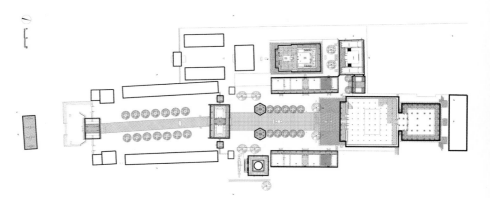

图1-4-1　席力图召总平面图

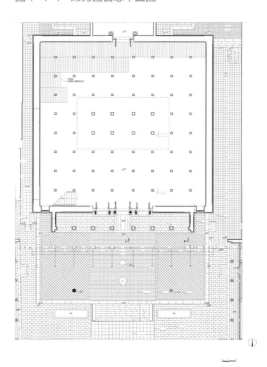

图1-4-2　席力图召大经堂平面图

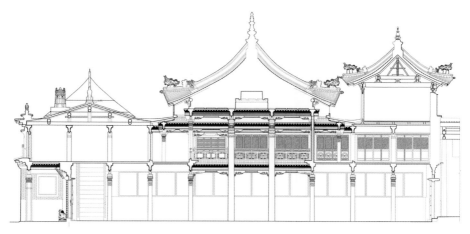

图 1-4-3　席力图召大经堂剖面图

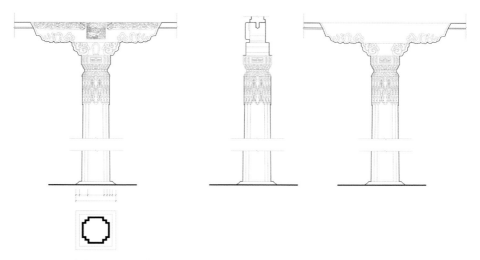

图 1-4-4　席力图召大经堂柱式详图

　　另一些学者关注社会与政治因素对建筑的影响。孙大章对于内蒙古地域的研究不仅限于对建筑风格的描述，还从历史背景及空间组织两个方面，对"汉藏结合式"的风格成因进行了分析。首先，通过梳理藏传佛教向中原地区传播的契机与路线，他指出内蒙古地区的汉藏结合式建筑风格对于藏传佛教寺院的意义十分重大 [38]，对内蒙古召庙建筑的重要地位给予明确肯定；其次，他指出汉藏混合式藏传佛教建筑的出现是因为建造逻辑与使用逻辑分属于两种建筑语系，所以才会产生这种汉藏交融的形式 ①。

①　汉藏混合式大独宫（经堂）的平面，空间均按西藏寺院扎仓形式布置组合，这是因为蒙古族地区藏传佛教沿袭藏地格鲁派寺院的宗教仪规及习经制度所致。但具体的建筑用材、工艺技术及装饰艺术又必须由当地或汉族工匠完成，所以产生了这种汉藏交融的独宫形式。

藏传佛教建筑广建于新疆、四川、云南、甘肃、青海、山西、河北、北京等地区，这些地区的藏传佛教建筑多以汉藏结合式建筑形制为根基，但又糅合了蒙古族、回族等其他民族的建筑风格，表现出多样性的变化。本章分别论述西藏地区、其他地区、内蒙古西部地区的汉藏结合式建筑，横向对比了各地的地域特征。

第二章

汉藏结合式建筑

图 2-0-1　内蒙古准格尔召鸟瞰

第一节　　西藏地区"汉藏结合式建筑"

　　吐蕃时期佛教传入藏地，西藏地区成为中国、尼泊尔、印度等僧侣传播佛教的重要区域，所以藏传佛教经殿建筑自诞生之日起就是多种建筑文化融合的产物。西藏的经殿建筑随着历史变迁逐步演化，经历了雏形阶段、发展阶段、成熟阶段（表 2-1-1）。现选取西藏地区第一座寺院——桑耶寺、第一座政教

西藏藏传佛教建筑的发展过程　　　　　　　　　表 2-1-1

阶段	发展分期	时间	代表建筑	备注
雏形阶段	吐蕃王朝—西藏分裂时期	7～13 世纪中叶	桑耶寺	以印度、尼泊尔和传统建筑模式为原型
发展阶段	萨迦巴统治时期—帕木竹巴政权时期	13 世纪后半叶至17 世纪初	萨迦南寺	藏式经殿建筑空间模式逐渐规范化
成熟阶段	甘丹颇章政权时期—中华人民共和国成立时期	17 世纪中叶至今	色拉寺	以格鲁派的经殿建筑为代表

合一的寺院——萨迦寺、格鲁派三段式成熟期的代表——色拉寺，通过对三个时期的代表案例分析（图2-1-1），以阐述汉藏建筑文化在西藏地区的融合方式。

（a）桑耶寺大殿

（b）萨迦寺鸟瞰

（c）色拉寺措钦大殿

图 2-1-1　西藏藏传佛教建筑不同阶段的典型案例

（来源：图 2-1-1（a）（b）来自网络）

一、桑耶寺

桑耶寺始建于公元 8 世纪吐蕃王朝时期，是西藏地区第一座真正意义上的藏传佛教寺院，因此对藏传佛教寺院建筑有着重要的影响，具有"原型"的意义。彼时建造宗教建筑的目的是想向世人阐释宇宙的结构，使用象征手法实现对宗教世界的模仿（图2-1-1a），表达了藏传佛教对于浩瀚宇宙的认知，整体寺院建筑按照"曼陀罗"图式进行布局。主殿一层为藏式建筑风格、二层为汉式建筑风格、三层为印度建筑风格。

二、萨迦寺

自 1279 年元朝中央对西藏地方进行行政管理，西藏正式纳入元朝中央直接管辖，由此开始，萨迦政权在西藏地区享有近百年统治历史。萨迦南寺是八思巴委托萨逝本钦释迦桑布于 1268 年开始兴建的[①]。"政教合一"的体制导致寺院作为物质载体承载着宗教和政治的双重功能，因此萨迦寺既是一座宗教建筑同时也是一座宫殿建筑。其整体是一座城堡式寺院，布局集中而规整，萨迦寺主殿由门廊、大经堂及几个小型拉康[②]组成，建筑形式主要是对传统建筑营造手法的模仿。

三、格鲁派寺庙

明末时期，格鲁派在西藏地区还未获得政治统治地位，随着蒙藏的深入合作，清朝初年，在固始汗的扶持下，格鲁派击退了敌对的噶举派及支持他的封建势力，以五世达赖为领袖建立了西藏地方政权[39]，就此占据主导地位，成为西藏地区的第一大派。格鲁派建筑经历了"萌芽期""形成期""成熟期"三个发展阶段，在这个过程中，建筑形制趋向统一化，逐渐摆脱前宏期寺院建筑形式化的影响，不再是对理想世界的具象表达，而是形成了"三段式"的建筑形制，最终发展成为统一的具有标志性的建筑类型。

色拉寺的措钦大殿是格鲁派"三段式"成型期的典型代表，空间序列是"门廊—佛殿—经堂"，建筑通高五层，顶层在平屋顶上修建歇山金顶作为装饰。经堂规模宏大，设柱 102 根，佛殿面宽与经堂相等，进深则小很多，只有三间。从色拉寺的建筑形制分析，可以发现格鲁派时期的藏传佛教寺院已不只是佛教的道场以及佛在人世间的居所，而是开始融入藏民族的文化意识、关注人的使用感受，成为僧人学经的学院。

四、西藏地区汉藏结合式建筑的特征

西藏地区藏传佛寺的建筑形态经历了繁复的演化阶段，其发展历程对内蒙古地区汉藏结合式经殿建筑影响最大，主要体现在以下几点：

1. 早期有转经廊，中后期逐渐消失。

2. 出现了都纲法式的固定做法，凸起空间采用藏式鎏金顶进行装饰。

---

① 八思巴（1235～1280 年）法名洛珠坚赞，为"萨迦五祖"中的第五人。十岁随伯父萨班贡噶坚赞去凉州。1251 年萨班在凉州病故，八思巴作为萨班的继承人，备受元朝政府的优礼。

② 在藏传佛教建筑中，"佛、法、僧"三者都具备的才能被称为寺庙，规模较小、不完全具备三者的在习惯上被称为"拉康"，藏语中本意为"佛殿"。

3．空间布局多采用前经堂后佛殿的形式。

西藏地区的藏传佛教寺院自建造起始就包含了汉式建筑元素，然而因藏式建筑语系与汉式建筑语系不同，汉式建筑元素只以装饰符号的形式存在于其中，最常见的是经堂中心的屋顶以及在门口等处装饰的斗栱，并未对空间、结构及形态产生实质性的影响。在清政府的支持下格鲁派成为文化输出地，藏式建筑文化向中原地区输出，格鲁派"三段式"成熟期的建筑形制中，传统建筑元素反而消失。

第二节　　内蒙古西部地区"汉藏结合式建筑"

内蒙古召庙建筑是藏式建筑文化、中原地区传统建筑文化和自身建筑文化的融合体[34]，然而不同地区所受影响的比重不同，西部地区受藏式建筑影响较大，东部地区则受中原地区的建筑影响较大。本节聚焦内蒙古西部阿拉善地区的召庙建筑，以分析汉藏建筑文化的融合方式。

阿拉善地区位于内蒙古的西端，该地区有三大寺庙系统，即南寺（广宗寺）、北寺（福音寺）、衙门庙（延福寺），其他寺庙都是这三座寺庙的属庙。本小节选取了三座召庙中具有代表性的经殿建筑进行研究，以分析本地区的汉藏结合式建筑风格的特征（表2-2-1）。

研究对象概况　　　　　　　　　　　　表2-2-1

编号	寺庙	始建时间	地理位置	北纬 东经	是否学问寺	学部	备注
A-01	南寺	清康熙五十八年（1719年）		38°39′N 105°48′W	是	显宗学部 密宗学部 医药学部 时轮学部	六世达赖弟子依师傅遗愿建寺弘法
A-02	北寺	清嘉庆九年（1804年）		38°58′N 105°54′W	未知	未知	阿拉善王之子在皈依六世班禅后创建
A-03	衙门庙	清雍正九年（1731年）		38°50′N 105°40′W	是	显宗学部 密宗学部 医药学部 时轮学部 菩提道学部	阿拉善王霍如来之子阿宝，作为"王府"之用，故此称作为"王府庙"

一、南寺

南寺位于贺兰山腹地，位居阿拉善三大寺庙系统及八大寺庙之首，是该地区第一大寺，现有建筑十余座，全部为 20 世纪 80 年代再建。南寺规模宏大，寺内的建筑并非同一时期建成，而是历经漫长的发展、扩大的过程，最终形成现在的规模。通过梳理历史沿革，发现不只是召庙的规模逐渐扩大，大雄宝殿也在不断地扩建和改建（表 2-2-2）。

南寺建寺历史沿革　　　　　　　　　　　　　　　　表 2-2-2

序号	时间	事件
1	未知	原有小庙，建造年未知
2	清康熙五十八年 （1719 年）	六世达赖仓央嘉措在阿拉善之地弘法时初到此地，当时此地有一座小庙，供奉着无量寿佛和弥勒佛，推测是现在弥勒佛殿
3	清乾隆十一年 （1746 年）	六世达赖圆寂，其弟子阿格旺道尔吉遵照师命，筹备在此地建庙弘法
4	清乾隆十一年至乾隆十二年 （1746~1747 年）	将原有小庙扩建成 9 间，并新建 49 间大雄宝殿，推测是现有的大雄宝殿
5	1828 年	扩建大雄宝殿至 81 间；新建 49 间密宗殿，推测为现有的大经堂

通过对南寺建造历史沿革的分析可知，1747 年大雄宝殿初建成时是 49 间大殿，1828 年后又加建了转经廊，形成 81 间大殿，由此可推测原有的小庙是藏式建筑，汉式建筑风格的副阶周匝，即转经廊是后建的，"三殿相连"的建筑形态也并非原貌。大雄宝殿门廊三开间，主体建筑二层高，平面为正方形，七开间七进深，外设转经廊一圈。为了突出核心地位，彰显气势，营造出纵向三殿相连的建筑形态，三个屋顶分别是前廊的藏式屋顶、门廊与都纲法式之间的卷棚顶、都纲法式垂拔上的歇山顶，都纲法式垂拔与卷棚顶之间两侧设两小殿，把三层的屋顶空间营造成合院式空间，为了达到气势的高潮，都纲法式垂拔部分两层高，三开间两进深，设副阶周匝（表 2-2-3）。

寺庙名称	扩建分析图	空间序列分析图
大雄宝殿		

南寺建筑形制分析　　　表 2-2-3

（来源：表 2-2-3 照片来自网络）

二、北寺

北寺位于贺兰山北，该寺是阿拉善王之子在皈依六世班禅后创建的，建于清嘉庆九年（1804 年），是阿拉善盟第二大召庙。清嘉庆十一年（1806 年），清廷赐名"福音寺"。1932 年，阿拉善第十代王达理扎雅捐资修缮了大经堂，自此之后大雄宝殿的建筑形态再无大变。

北寺主体结构为藏式，汉式建筑元素主要体现在都纲法式上汉式歇山顶及木槛墙的应用，门廊为"一"字形，七开间一进深，尽间有墙体围合，中间五间没有外墙，呈现"两实夹一虚"的立面形式。经堂二层高，平面呈正方形，七开间七进深，都纲法式三开间三进深（表 2-2-4）。

北寺建筑形制分析　　　表 2-2-4

寺庙名称	平面示意图
北寺大雄宝殿	

（来源：表 2-2-4 图来自网络）

三、衙门庙

衙门庙坐落在巴彦浩特镇王府街北侧，因清廷将定远营赠送给阿拉善王霍如来之子阿宝，作为"王府"之用，故此又名"王府庙"或"王爷庙"。衙门寺的初建年不详，清雍正九年（1731 年）在原基础上扩建；乾隆十年（1745 年），阿拉善亲王罗布生道尔吉为纪念父王的功德，建造了四十九间大雄宝殿，同时还建造了其他附属经殿，形成完整的院落布局；之后陆续新建经殿，并对部分建筑进行维修及扩建。衙门庙兼作王府之用，受民居建筑的影响，寺内建筑的汉式建筑语汇居多。衙门寺汉藏结合式殿堂建筑分两类，第一类是以"藏式为母"，第二类是以"汉式为母"，其中大雄宝殿、阿拉善大殿属于第一类，白哈五王殿、吉祥天女殿以及四大天王殿属于第二类。

衙门庙的大雄宝殿两层高，门廊五开间一进深，经堂平面为正方形，四十九间大殿。阿拉善大殿门廊三开间一进深，经堂平面为正方形，九间大殿，依据宗教法事需求，近年在经堂之后加建一进深作为佛殿空间，现经堂为三开间四进深，形成门廊、经堂、佛殿的纵向空间秩序（表 2-2-5）。

衙门庙建筑形制分析一　　　　　表 2-2-5

寺庙名称	大雄宝殿	阿拉善大殿
平面分析图		加建分析图
照片	—	—
备注	阿拉善大殿的照片是加建佛殿前所拍摄	

（来源：网络）

白哈五王殿与吉祥天女殿的形制一样，主体结构为汉式建筑，由前后两座单体建筑勾连搭组合而成，前面再加建藏式平顶建筑。从建构角度分析，整体建筑由三部分组成：两进深三开间的藏式平顶建筑、一开间一进深的单体建筑、三开间三进深的单体建筑。从空间组织的角度分析，空间序列亦由三部分组成：一进深门廊、两进深经堂空间、三进深佛殿空间（表2-2-6）。

衙门庙建筑形制分析二 表2-2-6

寺庙名称	空间组织分析
白哈五王殿	
	建造单体分析

衙门寺的拉善大殿以及白哈五王殿与吉祥天女殿的汉藏结合方式虽然完全不同，但是从空间组织的角度分析可知，无论是在建殿时期还是近期改建与加建的建造活动中，纵向三殿的空间模式对衙门寺都产生了深刻的影响。

四、阿拉善地区的汉藏结合式分析

阿拉善地区出现的汉藏结合式建筑形态样式多样，其中最为普遍的形式是北寺的大雄宝殿，南寺的大雄宝殿及弥勒佛殿、衙门寺的阿拉善大殿都是以北寺大雄宝殿为原型进行加建。通过对以上三种类型经殿建筑的分析，阿拉善地区汉藏结合式建筑的特点如下：

1. 门廊的形式有三种，规模较大的殿堂建筑门廊一般采用"凹"字形、"凸"字形，而规模较小的，一般只有三开间的建筑则采用"一"字形。"凹"字形的门廊空间其实也是"一"字形的变形，因为立面太长，所以处理成"两实夹一虚"的立面形式，突出入口空间。门廊的建筑风格兼有汉藏两种，以后者居多。

2. 主体建筑一般为经堂佛殿共设的形式，平面呈正方形，设都纲法式，个别殿堂建筑为了凸显其地位，建筑形制有等级之分，后期加建了转经廊；整体的空间形式始终延续立体坛城的空间模式。

3. 都纲法式的垂拔部分形式多样，这是其他地区没有的特点，南寺的大雄宝殿为了凸显其中心地位，采用阁楼式，大经堂则采用蒙古包式的阁楼式。

在漫长的历史时期中，召庙有时被损毁，也被不断地修缮扩建。从扩建的策略中可以看出有两种思维处于主导地位，一种是汉式语汇以装饰性的形式出现，如加建转经廊；另一种是突出纵向三殿的空间序列，如南寺大雄宝殿以及衙门庙的阿拉善大殿。总结该地区的汉藏结合式建造特点：主体结构为藏式，都纲法式垂拔以及转经廊为汉式，部分门廊为汉式。

第三节　其他地区"汉藏结合式建筑"

格鲁派在西藏地区的发展屡次受到其他教派的打压，直到五世达赖得到了固始汗的军事支持，一统西藏地区，成为西藏政教权力中心。在固始汗的帮助下，五世达赖与清廷建交，得到清廷的支持后 [21]，将三段式推广到全国各地。核心文化从内层区域向外层区域传播的过程中，距离越远影响力会随之减小，根据此规律，随着地理位置的远离，汉式风格渐弱，同时也出现了形态纷繁复杂的汉藏结合式建筑，从建筑构件的角度分析以三类为主。

一、汉式屋顶

根据史料记载，当年文成公主修建小昭寺的时候，从中原地区带来建筑工匠与建筑材料，小昭寺完全按照中原地区的建筑形式所建造[18]。现小昭寺虽不复存在，而歇山顶的屋顶形式却根植于西藏地区，成为藏传佛教建筑的重要特征，同时藏传佛教传播的地区民族众多，而藏传佛教本身派系众多，屋顶作为建筑的第五立面直接反映了这种丰富的形态，显示出了汉藏结合的灵活性与多样性[25]。

塔尔寺①的宗喀巴纪念塔一层为藏式，在藏式平屋顶上建造了三个歇山顶，一字排开，气势非凡，精致华丽。拉卜楞寺寿安寺大殿以藏式为主，在局部加建了大屋顶，正殿中间凸起，可采光通风，上覆金顶。惠远寺都岗楼将汉式楼阁式塔的建造技术和藏式喇嘛塔的建筑技术结合在一起，下半部分以藏式为主，上半部分三重檐，层层收分，屋檐伸出墙外，覆盖建筑整体。

二、斗栱

汉式建筑中最具符号特征的斗栱也传入西藏地区，经过本土化形成了独特的藏式风格。因距离中央政治统治中心较远，斗栱的形式有别于官式建筑，创造出了丰富多彩的做法，按照斗栱使用的位置可以分为屋顶斗栱、门斗栱、墙斗栱[20]。以塔尔寺为例，共有大金瓦寺、小金瓦寺、花寺、大经堂、九间殿、大拉浪、如意塔、太平塔、菩提塔、过门塔等共1000多座院落，规模宏大，斗栱作为装饰要素随处可见（图2-3-1），其中墙斗栱（图2-3-1c）是西藏地区的创造性举措，极具表现力，在其他藏传佛教建筑也常见，如色拉寺、拉卜楞寺等。

三、藏式碉式建筑

噶丹·松赞林寺和承德普庙都有"小布达拉宫"的别称，可见布达拉宫汉藏结合的模式已然成为一种模板。藏传佛教建筑中最具特色的白台建筑源自藏式民居碉房式建筑，两座寺院最大的特点是建筑下半部分是白台建筑，噶丹·松赞林寺的上部层层错落，歇山顶或覆盖建筑整体，或在局部升起；普庙则是空心白台建筑，内部自成天井式围合院落，院内建有汉式传统建筑，形成"外藏内汉"的结合形式。

---

① 塔尔寺位于青海省西宁市湟中区鲁沙尔镇西南隅的莲花山坳中，是藏传佛教格鲁派创始人宗喀巴大师的诞生地，是西藏地区黄教六大寺院之一。

（a）屋顶斗栱

（b）门斗栱

（c）墙斗栱

图 2-3-1　塔尔寺斗栱

　　就普庙而言，笔者认为"外藏内汉"可以从两个层次理解：第一，普庙的内部结构是中国传统建筑的结构框架，而外部则是藏式建筑形态；第二，具有汉式风格的建筑被包围在灰瓦顶的建筑之中，外在整体形象上保持了藏式风格。

　　对比"汉藏混合"和"藏汉混合"，无论是以藏为主还是以汉为主，建筑艺术在演变汉化过程中，都是从对藏式或汉式建筑风格的临摹，到最后创造性地运用，产生新的建筑形态，这是一个由形似到神似的过程。

本章小结

本章内容主要对汉藏结合式建筑风格进行论述，分析了西藏地区、内蒙古西部地区"汉藏结合式"的特征，以类比内蒙古汉藏结合式的格鲁派经殿建筑。主要结论如下：

1. 汉式建筑与藏式建筑各成体系，从结构框架到空间组织，再到装饰构件形成完整的建造逻辑，现有研究成果从不同方面分析了汉藏结合的建筑风格，不仅关注到了地域性特征，也关注到了地域之间发展的不平衡性。

2. 汉藏结合式的经殿建筑在不同地域呈现不同的建筑形态，新的建筑形态往往是通过运用原有建筑语言进行变化重组，采用适宜当地的建筑材料、营建方式，根据当地的需求组织建筑内外部空间，从深层结构上进行类型学意象的关联，探索现象与本质，还原具有认同感的形式。

蒙古高原与中原地区的关系广泛而深远，但是农业文明与牧业文明有着本质的区别[40]，文化传统、伦理道德、空间观念等方面有很大的差别。藏传佛教是印度佛教传入西藏后，与西藏苯教相结合而形成的[41]，具有浓厚的游牧民族文化色彩。蒙藏联盟作为主线，贯穿蒙古、汉、藏等多民族宗教、政治、文化的交融。本章主要研究汉藏结合式经殿建筑的演变历程，为研究"纵向三殿式"经殿建筑构建时空坐标系统。

第三章

缘起发展

图 3-0-1　内蒙古乌素图召庆缘寺鸟瞰

我国西藏与蒙古前后有三次联盟（图3-0-2），第一次是13世纪40年代至整个元代，以蒙古王室为主的蒙古统治集团与萨迦派之间的联盟，带有较浓的政治色彩 [42]。第二次是从16世纪80年代至清朝初期，以阿勒坦汗家族为核心与格鲁派的联盟，同样具有一定的政治色彩，可谓是政教联盟。北元灭亡之后，成吉思汗的子孙不再是蒙古高原的统治者，其他贵族成立"金帐汗国"，成为清朝的附属国 [43]。第三次联盟由清政府主导，是清王朝与格鲁派的联盟，在清朝的支持下，藏传佛教向整个蒙古社会及蒙古地区的扩展，这次扩展有着深刻的社会和文化背景及民众基础。

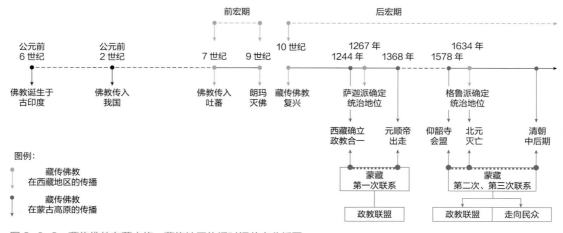

图 3-0-2　藏传佛教在蒙古族、藏族地区传播时间节点分析图

第一节　元朝汉藏结合式建筑的缘起

　　蒙藏之间的第一次接触可以追溯到成吉思汗时期，这位黄金家族的领袖很早就意识到蒙古人因生活环境的限制，文化、技术相对落后，他主张优待各界有识之士，尤其尊重佛教、儒家、道教。1206 年，成吉思汗西征时途经吐蕃，在此和藏传佛教上层喇嘛① 有过短暂的接触，令他颇为尊崇。

一、元朝时期多民族融合的历史机缘

　　藏传佛教正式传入蒙古地区，始于成吉思汗的孙子阔端②，1239 年这位王子开始对西藏进行军事占领，在这个过程中，蒙古统治阶级了解到萨迦派是后藏地区最重要的教派，萨迦班智达③ 不仅是萨迦派的教主，还是闻名于西藏的高僧。于是阔端王子呈送邀请诏书。1246 年，萨班带着年仅 10 岁的八思巴应邀到达凉州，次年初会见阔端，此后萨班成为阔端的上师，并留在蒙古地方"弘扬佛法"。至此蒙古与藏传佛教萨迦派建立了真正意义上的联系。

　　1253 年，忽必烈南征归服云南的大理国，继而又进兵西藏，统一了西藏的十三州之后，将当时藏传佛教萨迦派的领袖萨迦寺第四代法台萨班·贡噶坚赞封为"帝师"，授权管理西藏的政教事务，并将其侄子八思巴带回大都，后封为"帝师"，嘱其创建蒙古文，以作为翻译宗教经典、传播宗教理论的工具，并成为元朝的官方通用文字，至此掀开蒙藏文化交汇的篇章。西藏方面，萨班在凉州会盟时发表了著名的《萨迦班智达致番人书》，达成了西藏各派归顺蒙古汗国的重大协议。元朝统一全藏地区以后，对藏族地区行使中央权力，进行全面施政 [44]，将藏族地区由原来分散割据的态势推向相对稳定的统一局面，促进了藏族封建制的经济、文化发展。由于元朝政府的支持，萨迦派取得了西藏地方领导权，势力遍及整个西藏地区，开创了西藏地区"政教合一"的制度 [45]。

　　元朝时期，藏传佛教领袖与元朝统治者之间的联系具有重要政治意义：其一，蒙古族的上层在一定程度上接受了佛教教育，并且开始重视佛教文化；其

---

① 对僧侣的尊称。
② 阔端（1206~1251 年），是窝阔台汗第三子。
③ 萨迦班智达（1182~1251 年）。

二，忽必烈封藏族人八思巴为国师，确立其宗教领袖地位，是对西藏僧俗统治的需要，同时亦可知西藏已经被元统治，成为元朝的一部分[46]。

忽必烈与萨迦派建立政教联盟后，元廷建立了宣政院以及帝师制度，将藏传佛教推崇到了前所未有的高度，史载："百年之间，朝廷所以敬礼而尊信之者，无所不用其至。虽帝后妃主，皆因受戒而为之膜拜"[47]。此时期，随着藏传佛教文化的传播，藏传佛教建筑逐渐出现在蒙古势力地区。

藏传佛教在元朝初年就传入了蒙古社会[48]，并得到统治中心的支持。然而就藏传佛教的传播情况而言，萨迦派只限于在皇室贵族中传播，并没有在普通民众中传播，这是因为萨迦派的教理所致。萨迦派认为，"只有掌握政教两权的喇嘛阶级才能修道成佛，一般人民没有'趋善的根基'，因而不可能修道成佛"[49]。因此，大规模的传教活动并没有展开，广大蒙古人大多信仰的是主张万物有灵的原始多神宗教——萨满教。

明洪武元年（1368年），元顺帝"出走"北方草原，元代政权在中原地区土崩瓦解，具有政治意义的蒙藏联盟随之中断，藏传佛教宗教领袖则向明廷称臣，元帝师并未随北元政府退回蒙古，反而接受了明朝政府的封号。蒙古贵族退出中原，逐渐与藏传佛教的宗教领袖失去联系，到瓦剌也先太师①掌权时期，还曾向明廷要求派遣萨迦派喇嘛。北元时期蒙古高原喇嘛人数锐减，藏传佛教文化也迅速衰落。

二、元朝汉藏结合式建筑的建造情况

蒙古、藏、汉及各民族之间的友好交往，大大增加了文化、技术的交流，奠定了藏、汉、蒙古等民族建筑文化融合的基础。这一时期，西藏地区兴建的寺庙有很多汉族工匠，他们将汉式建筑的建造技术传入西藏，因藏式建筑与汉式建筑的建构各成体系，汉式建筑元素只以装饰符号的形式存在于其中，最常见的是殿堂上覆以歇山顶（表3-1-1），但并未对空间、结构及形态产生实质性影响，这种最初的汉藏结合模式在西藏、甘肃、青海地区极为常见，内蒙古地区至今仍有案例可循。

---

① 瓦剌也先（1407~1455年），卫拉特的首领脱欢太师的儿子，脱脱不花（第二十七位蒙古大汗）封其为太师。47岁时杀害阿噶巴尔吉汗，占据汗位，成为第二十八位蒙古大汗，是蒙古黄金家族以外即汗位的第三人，在他统治期间，瓦剌达到极盛。1454年（甲戌年）卫拉特的左、右翼两位丞相阿剌格、哈丹特木尔攻打额森（也先），他在逃难中被杀害，终年48岁，在位1年，自封"大元国天子圣汗"。

内容	图示		
装饰性屋顶与建筑主体的关系	①屋顶覆盖整个建筑	②屋顶覆盖局部建筑	③建筑上设有多个屋顶
案例	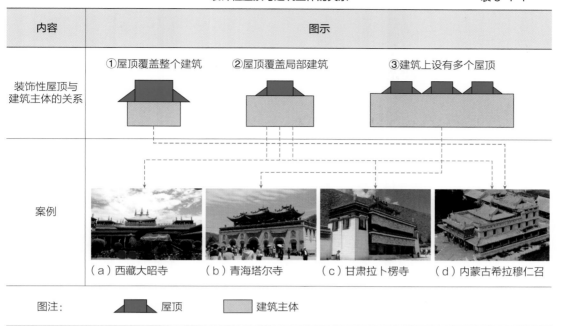		
	（a）西藏大昭寺 （b）青海塔尔寺 （c）甘肃拉卜楞寺 （d）内蒙古希拉穆仁召		

图注： ▰ 屋顶 ▢ 建筑主体

元朝时期，蒙古草原上召庙的建设情况却不似西藏繁盛。藏传佛教在蒙古势力地区的传播仅限于蒙古皇宫及蒙古族上层，宗教活动的范围也仅限在宫廷所在的大都、上都及其他元朝统治的中心城市和地区[50]，这种影响力并未深及蒙古高原的广大地区，民间并未掀起建寺高潮。此时期内蒙古地区召庙建设情况可总结为以下三点：

首先，随着统治中心入主中原，元廷兴建和修复的寺庙多集中在大都、上都以及内地的重要城市和名山胜地，在内蒙古地区建造的殿堂寥寥无几[51]，目前已无元朝遗存可考。

其次，蒙古人以游牧生活为主，建造技术发展有限，自定居开始，汉族的建筑文化陆续传播到内蒙古地区[52]，他们对唐、宋、辽、金等各朝代遗留下来的寺庙多加以保护与修复，改作藏传佛教寺院。

最后，这个时期的内蒙古正处于藏传佛教传入的初始阶段，大规模的传教活动并没有展开，仅仅是一些传教喇嘛及高僧在上层社会讲授藏传佛教高深的教义，而无藏族匠人进入蒙古草原开展藏传佛教建筑的建造活动，藏式建筑文化还没有被带入内蒙古地区。

第二节　　　明末清初时期汉藏结合式建筑的发展

蒙藏第二次联盟再次促进多民族融合[53]，并推进了汉藏结合式建筑的发展。蒙藏第二次联盟大事记如表 3-2-1 所示：

蒙藏第二次联盟大事记　　　　　　　　　　　　　　　表 3-2-1

序号	时间		事件	意义
1	1571 年	明隆庆五年	格鲁派①阿兴喇嘛从青海远赴蒙古土默特向阿勒坦汗讲经授法，并推荐老师索南嘉措	开启了蒙藏"政教二道"的联盟
2	1578 年	明万历六年	僧俗两界领袖——阿勒坦汗与索南嘉措在此会见，二人互上尊号②	
3	1582 年	明万历九年	阿勒坦汗逝世	
4	1586~1587 年	明万历十四至十五年	三世达赖赴蒙古高原，为阿勒坦汗重新举办葬礼、在大召为银佛举办开光法会、为第二代顺义王主持新丧	土默特地区成为格鲁派的弘法中心
5	1588 年	明万历十六年	三世达赖圆寂	保障蒙藏政教联盟
6	1589 年	明万历十七年	四世达赖降生	
7	1627 年	明天启七年	林丹汗攻占土默特地区	黄金家族终结了对蒙古草原的统治地位
8	1634 年	明崇祯七年	最后一任顺义王向清朝称臣，北元灭亡	
9	17 世纪中期	清顺治时期	固始汗（厄鲁特蒙古）扶持格鲁派	帮助格鲁派与清廷建交
10	17 世纪中后期	清康熙时期	噶尔丹（厄鲁特蒙古）决战清康熙帝	影响格鲁派与清廷的关系

① 元末明初之际，宗喀巴（1357~1419 年）实行宗教改革，创立格鲁派。宗喀巴及其弟子在西藏众多地方势力及外族势力的支持下，使格鲁派寺院集团在藏族社会中取得绝对优势。也正是在格鲁派兴起之后，藏传佛教才正式向滇北、川西、青海、甘肃藏族地区和蒙古地区传播，格鲁派寺院建筑遍布这些地区。

② 仿照忽必烈汗与八思巴帝师的关系，阿勒坦汗给予索南嘉措"达赖喇嘛"的封号，索南嘉措认定阿勒坦汗为"转轮圣王"，从此确立了达赖喇嘛活佛制度。

一、明末时期多民族融合的历史机缘

自元顺帝出走北方草原，"黄金家族"对于蒙古地区的统治失势，瓦剌也先死后，"黄金家族"失去了真正的大汗位置，蒙古部落各自为政，直到 15 世纪后半叶，"黄金家族"才出现转机。退居塞北的蒙古人经过一个多世纪的内外战争，成吉思汗第十五世孙达延汗再度统一漠南漠北，因此被称作"中兴之主"。达延汗将东蒙古分为左右两翼，每翼各设三个万户[①]，自己直接统领左翼三万户（图 3-2-1），并与长子一系驻牧在察哈尔万户；另一个儿子巴尔斯·博罗特封为济农[②]，统领右翼三万户，直属领地为鄂尔多斯；孙子阿勒坦汗封[③]为土默特万户（图 3-2-1）。16 世纪末 17 世纪初，各个万户和各个鄂托克[④]的领主全部由达延汗的子孙担任，剥夺了异姓封建主对领地的统治权，从而结束了长期以来北方地区动乱的局面，建立了比较稳固的统治，经济得到了进一步发展。

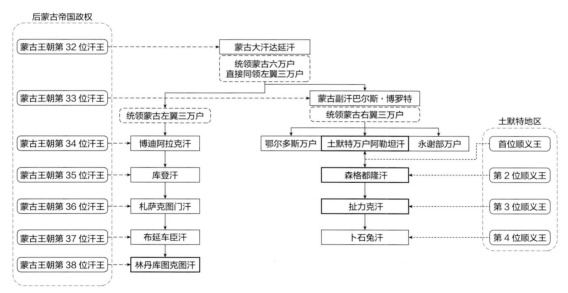

图 3-2-1　达延汗及子孙谱系

[①] 左翼三万户分别是：察哈尔万户，今锡林郭勒盟境内；哈喇哈万户，今哈拉哈河流域；兀良哈万户，今内蒙古中部地区以北及蒙古国境内，右翼三万户分别是：鄂尔多斯万户，今鄂尔多斯市；土默特万户，今呼和浩特市、巴彦淖尔市和乌兰察布市；永谢布万户，今张家口、宣化以北地区。达延汗向兀良哈万户之外的五个万户及其下属的鄂托克（万户下面的基本行政单位）分封了自己的子孙，他自己与长子一系驻牧在察哈尔万户。右翼的鄂尔多斯万户是济农（副汗）的直属领地。这样，各个万户和各个鄂托克的领主全部由达延汗的子孙充任，剥夺了异姓封建主对领地的统治权。

[②] 济农，即副汗。

[③] 阿勒坦汗，本名包·阿勒坦，又称俺答汗，本书统称为阿勒坦汗。

[④] 鄂托克，万户下面的基本行政单位。

阿勒坦汗统领土默特万户后建树颇丰，首先他向青海扩张，占据青海之后，他的侄孙继而出兵西藏，藏传佛教再次传入蒙古；其次他通过四十年的努力，以战争逼迫明廷接受互市，达成"隆庆议和"[①]，实现了与内地的物资交流[54]。巴尔斯·博罗特去世后，阿勒坦汗虽为六万户之一，然而他的政治影响力颇大，相当于实质上的副汗。尤其是土默特部地区，阿勒坦汗拥有完全的统治权，在蒙古各部中拥有崇高地位和号召力[42]，因此蒙古右翼势力逐渐壮大。

蒙古族与藏传佛教的再次结盟源于阿勒坦汗牧驻青海。明嘉靖十一年（1532年）阿勒坦汗向青海地区展开了四次扩张，占领青海后，其四子丙兔及侄孙鄂尔多斯万户的呼图克台·彻辰·洪台吉在此驻牧，为了得到当地牧民的认同，蒙古上层统治阶级许诺信奉格鲁派。明嘉靖四十五年（1566年）呼图克台·彻辰·洪台出兵西藏，藏传佛教开始传入蒙古。阿兴来到右翼土默特，为阿勒坦汗讲述佛法，并建议他与索南嘉措会盟，恢复"政教二道"。阿勒坦汗欣然接受，并于青海建造仰华寺（1575年），迎接索南嘉措。

明万历六年（1578年）仰华寺会盟，俺答汗与索南嘉措互赠称号，索南嘉措赠给俺答汗的称号是"转千金轮咱克喇瓦尔第·彻辰汗"，意为聪明智慧的转轮法王[②]。而俺答汗赠与索南嘉措的称号则是"圣识一切瓦齐尔·达喇·达赖喇嘛"[③]，意为在藏传佛教显宗和密宗都取得了最高成就，学识像大海一样渊博的超凡入圣的上师。土默特部与格鲁派正式建立邦交关系，蒙古族、藏族两个民族的第二次友好结盟由此开始。仰华寺会盟之后，阿勒坦汗回到蒙古地区，在呼和浩特大兴土木修建大召，于明万历七年（1579年）落成，这是蒙古地区出现的第一座真正意义上的格鲁派寺院，也是现存规模最大的格鲁派寺院。

明万历十年（1582年）阿勒坦汗去世，三世达赖前来主持葬礼，途经青海、鄂尔多斯地区，一路传经授法。明万历十四年（1586年）终于到达归化城重新为阿勒坦汗举办丧礼，并为大召银佛举办开光法会，次年第二代顺义王

---

① 明隆庆五年（1571年）蒙古土默特部阿勒坦汗与明朝终于实现"互市"，史称"隆庆和议"。这一举措不仅使得蒙古与明朝之间通贡及互市进入了鼎盛时期，而且西藏佛教再度传入蒙古地区也开辟了一个新渠道。根据汉文文献记载，阿勒坦汗利用他与明朝通贡互市的有利条件，向明朝请求佛教经典、佛像、喇嘛所用饮食，并要求派遣僧人传教和帮助建立寺庙等。

② 这个称号正是当年八思巴赠与忽必烈的尊号，现在索南嘉措原封不动地送给了俺答汗，一定程度上说明索南嘉措承认俺答汗蒙古各部领袖的地位。

③ 藏传佛教格鲁派的高层将宗喀巴最小的弟子根敦朱巴和哲蚌寺的前法台根敦嘉措分别追认为第一世、第二世达赖喇嘛，而索南嘉措则被称为三世达赖。

去世，三世达赖又为僧格都隆汗主持新丧。至此，三世达赖已在蒙古右翼地区享有盛名。明万历十六年（1588年）三世达赖应万历皇帝邀请，前往京城，后而圆寂，次年阿勒坦汗曾孙云丹降生，被认定为四世达赖[1]，此举是蒙藏政教联盟的保障。扯力克汗[2]继位之时正当四世达赖降生蒙古，阿勒坦汗家族政教两方面相得益彰、互为保障，在内蒙古、青海、西藏地区的权力达到顶峰。

二、阿勒坦汗家庙

蒙古、藏、满、汉等多民族第二次深度交流交往交融，阿勒坦汗的子孙有不可磨灭的功勋，阿勒坦汗家族所建寺院随着格鲁派的壮大渐有声势、颇具规模。因此，总结藏传佛教建筑建造活动的特点，要从阿勒坦汗家族军事势力划分的角度进行。阿勒坦汗在世时期，军事势力分为东哨和西哨（图3-2-2），东哨由僧格都隆汗所掌控，西哨首领是铁背台吉之子把汉那吉。

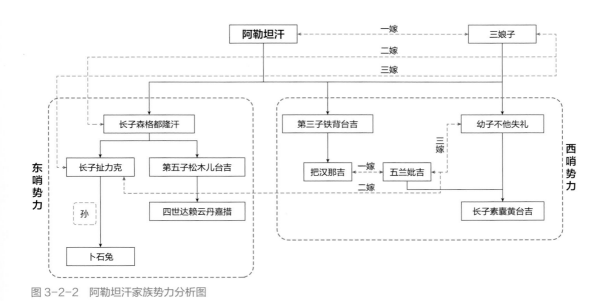

图 3-2-2　阿勒坦汗家族势力分析图

阿勒坦汗在世时期，僧格都隆汗驻牧在张家口以北边外。阿勒坦汗去世前，僧格都隆汗回到土默特地区，明万历十年（1582年）成为第二代顺义王。明万历十五年（1587年）僧格都隆汗长子扯力克成为第三代顺义王。另说西哨方面，阿勒坦汗第三子铁背台吉之子把汉那吉，少孤，由祖母抚养，

---

①　四世达赖喇嘛是历代达赖喇嘛中唯一一位蒙古族的达赖喇嘛。
②　继阿勒坦汗、僧格都隆汗之后的第三位顺义汗。

在大板升城长大，把汉那吉去世后，其妻五兰妣吉[①]掌握了军事势力。扯力克袭封顺义王后，三世达赖正在蒙古进行传教活动，扯力克为弘扬佛教做了一系列工作，势力逐渐强大。为了获得西哨势力，与把汉那吉遗孀五兰妣吉合婚，无独有偶，五兰妣吉迫于形势答应合婚，第三代顺义王终于获得了东哨西哨两方势力。明万历四十一年（1613 年）扯力克汗之孙卜石兔继承王位，然而也是最后一位，明崇祯七年（1634 年），北元灭，黄金家族的神话从此谢幕。

阿勒坦汗及其子孙（东西哨）对内蒙古的藏传佛教寺院的建设都有着不可磨灭的功勋（图 3-2-3）：

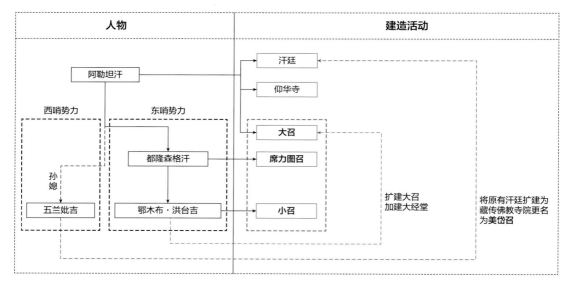

图 3-2-3 阿勒坦汗家庙

（一）阿勒坦汗所建寺院

阿勒坦汗在世期间共建造三座寺庙：第一座是灵聪寺[②]，是阿勒坦汗在自己的领地建造的第一座佛殿；第二座是为了召开蒙藏联盟大会所建的察卜齐勒庙[③]，据文献记载"每个佛殿有十六根柱子……各个殿堂有汉式殿顶作为装饰"[55]，由此可推测建筑形制是"萨迦派遗留式"；第三座是根据察卜齐勒大

---

① "五兰"音译，与"乌兰"同义，意为红色；"妣吉"意为夫人。
② 综合《托克托县志》及《美岱召》的记载，笔者推测为灵聪寺为大板升城（即汗廷）内的西万佛殿（硬山造）。
③ 阿勒坦汗四子丙兔为在青海东岸蒙古、藏、汉三个民族交界处（青海省）迎接索南嘉措所建。

会精神所建的大召，这是蒙古高原真正意义上的第一座格鲁派寺院①。

（二）东哨势力所建寺院

东哨对于佛教建筑的兴建贡献很大。首先，阿勒坦汗辞世后，其子僧格都隆汗为迎接三世达赖，在大召东侧建造了席力图召。三世达赖圆寂时委托弟子代表他在此坐床，并为四世达赖讲授佛教经典。其次，阿勒坦汗之孙扯立克汗（即鄂不布·洪台吉）登上汗位后，继承衣钵，除了扩建大召之外，还在席力图召东侧建造了一座寺院，因世人称他为小王子，这座寺庙被称为小召。

（三）西哨势力所建寺院

西哨对于兴建佛教建筑最大的贡献是扩建大板升城。四世达赖入藏后，西藏派迈达里活佛到呼和浩特主持蒙古地区的宗教事务，此时五兰妣吉建造了美岱召大雄宝殿的佛殿部分，其是一座楼阁式建筑，是蒙古地区萨迦派的典型模式。建庙工程结束之后，五兰妣吉邀请迈达里活佛在此坐床，之后更名美岱召。阿勒坦汗原有的汗廷成为城寺结合的瑰宝，五兰妣吉与其子素囊功不可没[56]。

三、建寺高潮

明末，藏传佛教再度传入蒙古地区，无论深度和广度都远远超过了元代，其对蒙古社会和传统文化的影响是极其深远的。此时在阿勒坦汗的影响下，土默特地区掀起了信仰藏传佛教、修建寺庙的热潮。阿勒坦汗的子孙、土默特部的封建贵族、诺颜们，争先恐后修建寺庙，塑造佛像，供奉喇嘛。

三世达赖途经鄂尔多斯时，受到鄂尔多斯部呼图克台·彻辰·洪台吉、彻辰岱青台吉、博硕克图吉农的邀请，为他们建造的寺庙进行开光典礼。明万历十三年（1585 年）三世达赖刚踏黄河南岸，就受到喀喇沁万户昆都仑涵的邀请；次年（1586 年）行至元朝时期的商都宫殿遗址传法，为这里的寺庙举行隆重的开光典礼。阿勒坦汗在大召召开法会时期，察哈尔部落、喀尔喀

---

① 关于内蒙古地区的第一座格鲁派寺院是大召还是美岱召，不同学者各有见解。笔者认为，只能断定大板升城时期，是属于藏传佛教寺院，不能被称为第一座格鲁派寺院。其一，大板升城时期，阿勒坦汗并未与格鲁派建交，虽阿兴喇嘛到访为阿勒坦汗讲法，然当时还有明廷所给予的萨迦派僧人；其二，五兰妣吉建造佛殿、迎接麦达力活佛坐床以后，更名美岱召，至此才成为真正的格鲁派寺院。

部落首领前来学习，回到驻地纷纷新建寺庙。值得一提的是，此时期除了上层阶级忙于建寺，同时还有百姓筹款募捐为察哈尔部落的游僧建造了乌素图召庆缘寺。

四、明末清初藏传佛教建造活动的特征

总结明末清初时期的藏传佛教寺院建造活动的特点，此时内蒙古地区的匠人在营造藏传佛教殿堂方面还处在探索阶段，寺院的建造活动有以下三个特点：

首先，从建筑施工角度而言，建筑工程的组织管理形式主要是 1~2 个蒙古族工匠负责组织管理，而当地从事建筑活动的多是汉族工匠和掌握了汉族建筑技术的蒙古族工匠，故而在这一时期的藏传佛教殿堂建筑中汉式做法仍占相当大的比例 [51]。

其次，从寺院整体布局的角度分析，整体布局由单一的殿堂建筑发展为院落布局，院落一般由四座建筑组成，天王殿、东西配殿、主殿，且主殿多为楼阁式建筑，形成了"四殿围合"的合院式布局。

此外，对比此时期其他蒙古各部落的建设情况，漠南蒙古地区因有"就近吸收汉族匠人"和"从内地取得原材料"等便利条件，建筑技术的发展比其他地区更为显著，成为各部落争相学习的对象。在寺庙的建筑艺术上，漠北蒙古就受到了漠南蒙古的影响。

第三节　　清朝时期汉藏结合式建筑的成型

一、清廷主导下的多民族交融的历史机缘

明崇祯元年（1628 年）林丹汗攻占土默特地区，五年后，后金重兵攻打林丹汗，林丹汗节节溃败，于明崇祯七年（1634 年）去世，时年最后一任顺义王向清朝称臣，次年林丹汗长子携汗印投靠清廷，蒙古王朝至此彻底灭亡，黄金家族终结了对蒙古草原的统治地位。

蒙古王朝覆灭后，其他蒙古贵族军事势力拥为金帐汗国，成为清廷的附属国。清廷认识到藏传佛教在蒙古民众中的影响力与巨大势力，所以支持格鲁派在蒙古地区的传播，借此统治、安抚蒙古民众[57]。

清廷真正成为蒙藏联盟的主导是从打败噶尔丹开始的。清康熙二十九年（1690 年），康熙帝与噶尔丹开战，因噶尔丹是五世达赖的得意弟子，所以得到了格鲁派的支持。反观清廷此次战争中，在宗教方面处处被动，协助清廷扭转局面的是呼和浩特小召的内齐托音呼图克图二世。康熙三十四年（1695 年）托音二世抵达西藏以后，首先与班禅取得联系，达成联盟；其次探知五世达赖已圆寂。至此，噶尔丹失去格鲁派的支持，清廷在宗教宣传上转为主动。次年，托音协同康熙进攻，噶尔丹大败。

二、格鲁派召庙的分类

格鲁派三段式在内蒙古地区的兴建得益于清朝政府大力扶持，同时全力提倡、鼓励各盟旗兴修寺庙，甚至皇帝亲自下令修筑庙宇，不惜把内蒙古的财力、物力和人力完全耗费在兴建寺庙上[43]。清康熙三十年（1691 年），康熙帝在内蒙古多伦诺尔会盟后，建汇宗寺，开创了清廷直接在内蒙古建庙的先例。此后，在土默川一带新建了五当召、昆都仑召、五塔寺等多座寺庙；到清朝中期，内蒙古藏传佛教寺庙约有 1800 多座，呼和浩特内就有"七大召、八小召，七十二个免名召"（附表 A）。在"兴黄教即所以安众蒙古，所系非小"的政治策略指导下，进一步加深了清代藏传佛教的传播。清代康熙、雍正、乾隆及嘉庆四朝，以呼和浩特为中心兴建寺庙，普及了整个蒙古草原，兴建寺庙达到了狂热程度。

依据建造者的背景，可划分为三类：阿勒坦汗家庙、旗庙或王爷庙、属庙或其他召庙。

（一）阿勒坦汗家庙扩建

北元灭亡后，阿勒坦汗与其子孙所建的召庙也没有因为土默特部势力以及蒙古势力的衰弱而倾颓，它们得到了清廷的庇佑①，继续保持了土默特政治、

---

① 皇太极追击蒙古左翼察哈尔林丹汗到呼和浩特，住在大召，为了扩大蒙古各部的内部矛盾以及得到蒙古民众的支持，皇太极宣布要保护大召，并恢复土默特汗的政治、宗教权利。从此，阿勒坦汗的家庙因为清廷的怀柔政策，继续拥有政治和宗教的双重权利。

宗教中心的位置，经济实力雄厚。阿勒坦汗家庙的经殿建筑，在这一时期历经扩建、增建，成为内蒙古召庙的官式建筑。

明后期，察卜齐勒大会之后，到三世达赖抵达呼和浩特，再到云丹嘉措降临，这个阶段掀起了与格鲁派结盟后的第一次建寺高潮，阿勒坦汗家族所建的家庙独树一帜，是蒙古、藏、汉各族之间文化、建筑技艺交流的最高表现。

（二）旗庙及王爷庙

清统一全国以后，康熙年间，因政治和宗教两方面的原因，掀起了第二次建寺高潮。

政治方面，此时期蒙古地区战事频繁，清廷为平定叛乱，巩固边疆、笼络蒙藏僧众，将藏传佛教作为政治工具，大力提倡。在平定叛乱中，许多上层喇嘛颇有建树，赢得了康熙的重金奖赏和扩建寺庙的恩准[58]，藏传佛教的发展得到了物质保障。为了平定战事，清廷施行"盟旗制度"，分化蒙古族的势力。

宗教方面，清廷设置了有关佛教的统一管理制度，达赖喇嘛成为蒙藏佛教各派的总首领，在这种国家统一和蒙藏宗教一统的条件下，格鲁派的建筑文化被更完整、更系统地传播到中原地区。五世达赖与清廷渐生嫌隙，为了分化格鲁派的势力，清廷有意充实其他地区寺院的行政管理机构、树立宗教中心，不止在蒙古高原，还在河北、山西等地广建寺院。

在政治和宗教两方面的有利条件下，漠南蒙古广建旗庙、王爷庙，阿勒坦汗家庙的建筑形式作为范式，成为其他贵族建寺的模板。

（三）属庙及其他召庙

明朝老百姓捐资建庙并不多见，本书的研究对象中只有乌素图召庆缘寺一例。究其根源，藏传佛教在蒙古地区的传播是自上而下的。明代，藏传佛教的传播还仅在蒙古贵族之间，所以建造寺院的只有汗王与贵族。

清雍正、乾隆时期掀起了第三次建庙高潮，这一阶段建造了大量的属庙，如仅席力图召就有四十多座属庙，本书中所研究的法禧寺、希拉穆仁召都是席力图召的属庙。

三、格鲁派经殿建筑的建造特征

蒙古民族在面对优秀的中原传统建筑文化及藏式建筑文化时，不是简单地照搬和抄袭，而是根据蒙古民族文化的接受模式，对之进行了筛选、吸收和重构。这个时期藏传佛教殿堂空间的特点如下：

首先，清初时期内蒙古召庙经殿建筑以汉式建筑为主，无论是结构体系还是装饰装修，均采用汉式做法；藏式建筑元素以零散的、不系统的方式表现，仅在少部分构造上采用藏式，如边玛墙等。此时期的蒙古工匠在建造召庙时，并没有成法可循，选择何种建筑系统、如何组织汉式与藏式语汇，几乎完全根据建造匠人自己的技术、经验而定。

其次，格鲁派的教理重修行、轻礼佛，根据功能需求大经堂成为寺院中心，能工巧匠完美地把都纲法式[①]与中国传统古建筑相结合，出现了蒙古地区"都纲法式"的固定做法，即采用殿挟屋的形式，主屋两层通高，歇山顶，副阶周匝一层高，外观尽量抹成平顶，形成藏式檐墙的形式。

此外，清中期，格鲁派在清廷的支持下成为当时西藏政教统一的权力中心，"三段式"的经殿建筑形式成型并得到了推广。在国家统一的前提下，西藏藏传佛教的建筑文化传入内蒙古地区；五世达赖赴京曾路过呼和浩特，在他的影响下托音扩建呼和浩特八大寺时采用了三段的布局形制。

本章小结

本章分别论述了蒙藏三次联盟的历史背景、传播情况以及汉藏结合式经殿建筑的演变发展。蒙藏联盟并不是一人一时或者一朝一世的孤立事件，而是有它内在的规律和联系，要发现这种联系和规律，就不能拘泥于单独的历史事件，必须将它放在大视野下，才能梳理清楚内在联系。通过纵向对比历史演变历程，分析汉藏结合式建筑的历史成因，得出以下结论：

---

① 都纲法式：在"回"字形的平面空间，纵横排列柱网，外围一圈是装修向内的二至三层平顶楼房，构成围廊；中部高高凸起，空间直贯上下，成为中心。

1.在漫长的历史长河中,蒙藏联盟双方"势力关系"不是一成不变的,而是一个动态平衡的过程,文化的输入也不是对等的,而是由势力强的一方向势力相对落后的一方输入。

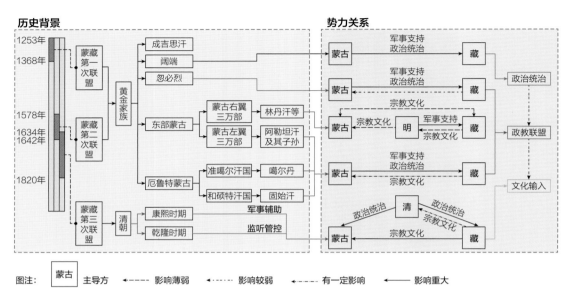

建筑文化主体博弈关系分析

2.蒙古高原上藏传佛教寺院从建造到盛期都经历了漫长的时期,规模宏大的寺院大多在原有小庙的基础上不断扩建而成,藏传佛教寺院的布局形式、殿堂的建筑形制不拘泥于定式,呈现出不断生长的态势。

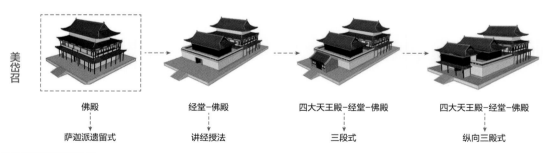

美岱召建造历程分析

3．在蒙藏联盟的不同阶段，藏传佛教宗教文化的传播主体、传播对象、所起到的社会作用各不相同，是经殿建筑的形制演变发展的内在机制。

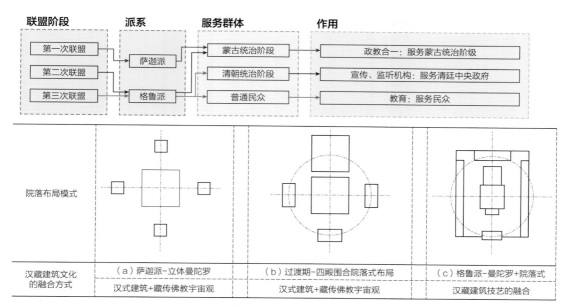

建筑形制演变内在机制分析

建筑并非简单搭建而成，它是逐渐"生长"而成的，是具有生命力的，这个过程必须有相应的环境配合，一边接受外部刺激，一边创造场所；一边"学习"，一边"适应"，最终成为相对稳定的建筑形态。汉藏结合式建筑形态并非一日而成，它的普及也并非一蹴而就，在整理历史沿革时发现，呈现在我们面前的纵向三殿式经殿建筑并非建造初期的样子，它在历史的长河中，经过不断地改建、加建，最终成为现在的形态。本章的研究从演化思维的角度出发，在汉藏建筑文化融合的时空坐标系统中梳理各个召庙的历史沿革，着重研究汉藏建筑语系交融的过程，从而深入解读蒙古、藏、汉多民族文化交流的历程。

第四章

建造历程

图 4-0-1　内蒙古呼和浩特大召鸟瞰

（来源：乔恩懋 提供）

第一节　　美岱召

美岱召最初是阿勒坦汗的汗廷，后期其孙媳五兰姊吉迎接麦达力活佛入
住，大举扩建（图4-1-1）。现被认定为历史文化名村，具有重要的历史文化
价值。

一、美岱召的建造历程

梳理可考文献记载，美岱召的建设可分为三个阶段（表4-1-1、表4-1-2）。
第一个阶段是都城建造期，在藏传佛教格鲁派传入之前，赵全等人为阿勒坦汗
建造金国都城[59]，此时期建造了西万佛庙、八角庙等，其中琉璃殿的建筑特
点符合立体曼陀罗的造型特点，是元代藏传佛教萨迦派殿堂建筑的典型特征。
第二个阶段是格鲁派弘法期，明万历十四年（1586年）三世达赖抵达呼和浩
特，明万历十七年（1589年）四世达赖降生，在此期间土默特部落掀起了一

图 4-1-1　美岱召大雄宝殿

<table>
<tr><td colspan="6" align="center">美岱召历史沿革及建造过程　　　　　　　　　　　表 4-1-1</td></tr>
<tr><td>序号</td><td colspan="2">时间</td><td>事件</td><td>意义</td><td>建造过程</td></tr>
<tr><td>1</td><td>1565 年</td><td>明嘉靖
四十四年</td><td>赵全等拥阿勒坦汗为帝，建立金国</td><td>阿勒坦汗建立金国政权，蒙古草原分裂为由黄金家族建立的两个平行政权</td><td rowspan="2">都城建造期：琉璃殿、万佛庙、城墙、台吉①府、八角庙、伙房、古井等
（此时万佛庙为正殿）</td></tr>
<tr><td>2</td><td>1575 年</td><td>明万历三年</td><td>在藏传佛教格鲁派传入之前，赵全等人为阿勒坦汗建造金国都城</td><td>—</td></tr>
<tr><td>3</td><td>1578 年</td><td>明万历六年</td><td>仰华寺会盟，俺答汗回到土默特后大力宣扬藏传佛教并将自己的"大明金国"都城"大板升城"②，改为藏传佛教格鲁派寺院[59]</td><td>美岱召成为蒙古草原上第一座格鲁派寺院</td><td>议事厅琉璃殿改为佛殿</td></tr>
<tr><td>4</td><td>1602 年</td><td>明万历三十年</td><td>西藏特派麦达力呼图克图驻锡大召[60]</td><td>维持格鲁派在土默特地区的影响力</td><td>—</td></tr>
<tr><td>5</td><td>1606 年</td><td>明万历
三十四年</td><td>五兰妣吉迎接麦达力活佛至美岱召</td><td>更名为美岱召，又名灵觉寺</td><td>建乃琼庙为麦达力活佛居所[61]，改琉璃殿为活佛传法之所[62]</td></tr>
</table>

① 台吉，源于汉语皇太子、皇太弟，清对蒙古统治阶级所封的爵名，位次辅国公，分四等，自一等台吉至四
　等台吉，相当于一品官至四品官。一般只有黄金家族血统的首领才能称台吉。
② 板升，土木结构的汉式房子，主要是为了安置明末时期投奔阿勒坦汗的汉人。明嘉靖十八年（1539 年），
　阿勒坦汗就开始建造他的部落王城——大板升城。

序号	时间		事件	意义	建造过程
6	1606 年	明万历三十四年	五兰姬吉及其子龙虎将军素囊①扩建寺庙	—	塑弥勒佛像、建大雄宝殿②、启盖泰和门
7	1612 年	明万历四十年	三娘子病故，五兰姬吉为其建太后庙、灵塔	—	建太后庙、灵塔
8	1628 年	明崇祯元年	后金军击溃蒙古察哈尔部林丹汗，林丹汗率众部西行，终驻扎土默特地区	阿勒坦汗家族失势	—
9	1632 年	明崇祯五年	"东人烧绝板升"灵觉寺被洗劫一空	黄金家族结束统治，金帐汗国政权建立	—
10	1699 年	清康熙三十八年	托音呼图克图依照佛法，修建八大寺院，完全按照佛教寺院改建灵觉寺	—	建经堂，并在原汗廷（琉璃殿）内塑三世佛，绘壁画。在三世佛前两侧建观世音殿、罗汉殿
11	1756 年	清乾隆二十一年	阿勒坦汗八世孙喇嘛扎布帮助清廷镇压新疆叛乱	—	建活佛府③、达赖庙
12	1839 年	清道光十九年	—	—	在泰和门与经堂间修建天王殿，硬山式前后穿堂，内塑四大天王像[61]
13	1855 年	清咸丰五年	城内万佛寺损毁，于城东新建	—	在城垣外东侧重建万佛殿（已毁），城内为公爷府驻地
14	1869 年	清同治八年	—	—	在城垣外泰和门对面修建照壁

美岱召建筑建造年代分析 表 4-1-2

序号	阶段	时间	建造者	建造活动	派别
1	汗廷	约 1546～1557 年	赵全等	琉璃殿及前面两座附属建筑、西万佛殿、八角庙以及城墙	萨迦派
2	美岱召（八大寺之一）	约 1572～1626 年	五兰姬吉	泰和门、大雄宝殿佛殿、太后庙、乃琼庙	格鲁派
		清康熙三十八年	小召活佛托音二世	大雄宝殿经堂、观音殿、罗汉堂	
3	扎布家庙	清乾隆二十一年		活佛府、达赖庙	
		清道光十九年		天王殿	

---

① 阿勒坦汗晚年，黄台吉（僧格都隆汗）执掌之部被称作东哨，大成（岱青·额哲）执掌之部被称作西哨。五兰姬吉是岱青·额哲的妻子，岱青去世后，五兰继承丈夫遗产，成为西哨首领，后嫁予三娘子之子不他失礼，得子素囊，1597 年末不他失礼逝世时，素囊受封龙湖将军。

② 大雄宝殿佛殿部分。

③ 此时期麦达里活佛虽然早已不在此坐床，但是还是监管此召庙，活佛原来居所改建为乃琼庙，为了迎接麦达里活佛的转世，特修建了活佛府。

次建庙高潮。1606~1626 年，麦达力活佛在此坐床，美岱召成为蒙古高原的弘法中心，可知 1585~1626 年是美岱召的第二个建造高潮阶段，笔者推测大雄宝殿在此期间建成。第三个阶段是清代，清康熙时期，在小召活佛托音二世的主持下进行了大规模的扩建 [63]，最重要的是在佛殿前加建了经堂。此外，清廷为了对蒙古势力进行有效管理，鼓励蒙古民众信仰藏传佛教，所以对召庙的建设也是非常支持，虽然当时没有活佛常驻，却偶有新建经殿。

二、美岱召大雄宝殿的建造历程

研究美岱召的学者都认同大雄宝殿并非同期建成（表 4-1-3），据考证，可断佛殿建于明末，经堂建于清初，然而学者王建军、王磊义对于具体建造时间见解有所不同①：王建军认为佛殿部分建于万历三十四年左右（1606 年），五兰妣吉扩建美岱召时期；王磊义则认为应是在万历初年或万历十年左右（1582年）。根据佛殿典型的"曼陀罗"建筑形式，属于元朝遗留佛殿形式，笔者认同王磊义的见解，推断佛殿建于三世达赖到呼和浩特之前（表 4-1-3）。

美岱召大雄宝殿加建过程分析   表 4-1-3

主持修建	五兰妣吉	托音二世
建造时间	明万历三十四年 （1606 年）	清康熙三十八年 （1699 年）
平面图		

---

① 两位学者还对达赖庙的建造时间见解不同，非本书研究重点，罗列于此：

达赖庙：王磊义等学者认为建于明隆庆六年至崇祯五年之间；王建军认为建于清乾隆二十一年，阿勒坦汗八世孙喇嘛扎布镇压新疆叛乱有功，正式赐予美岱召成为家庙，因此建达赖庙。

透视图		
空间序列	佛殿	经堂—佛殿
主持修建	未知	未知
建造时间	清道光十九年（1839 年）	现状
平面图		
透视图		
空间序列	四大天王殿—经堂—佛殿	前殿—经堂—佛殿

　　清康熙三十八年（1699 年）托音二世受封为八大寺掌印喇嘛，美岱召是八大寺之一，所以按照藏传佛教寺院进行改建，在佛殿之前建造了大经堂。

　　王建军考证文献，前殿原为天王殿，建在泰和门和经堂之间，硬山式前后穿堂；王磊义认为前殿和经堂同期建设，因连接部分的结构与大召一致。笔者认同王建军的见解，内蒙古藏传佛教寺院一般在中轴线上会形成"山门—天王殿—大雄宝殿"的空间序列。因美岱召先有城后有殿堂，所以空间不够，导致天王殿与经堂紧邻设置。笔者认为美岱召前殿原为天王殿，后期为了顺应形势，改建为纵向三殿的形式，将硬山式的天王殿改建为歇山顶的楼阁式建筑，一层前后穿堂，两侧设置四大天王像。

美岱召建造的第一阶段、第二阶段并无藏式建筑元素，为迎接麦达力活佛建造了乃琼庙后美岱召逐渐融入藏式元素，托音二世增建了具有藏式元素的大经堂，随着清朝中的屡次扩建、新建，藏式元素逐渐增多。美岱召汉藏结合的模式是典型的"先汉后藏"融合模式（图4-1-2～图4-1-4）。

图 4-1-2　美岱召老照片
（来源：张晓东 提供）

图 4-1-3　美岱召琉璃殿

图 4-1-4　大雄宝殿内阿拉塔汗和三娘子像壁画
（来源：张晓东 提供）

第二节　大召

呼和浩特是中国北方的历史文化名城，这里居住着汉、蒙古、回、满、藏、朝鲜、维吾尔、达斡尔、鄂温克、鄂伦春等民族，是多民族文化交往、交流、交融的聚居地，游牧文化与农耕文化在这里相互交融。明隆庆六年（1572年），蒙古土默特部首领阿勒坦汗在长城外 40 千米之大黑河北岸修筑城池，至明万历三年（1575 年）竣工，蒙古语名库库和屯，明廷赐名"归化城"。清康熙二十七年（1688 年），"城周围可二里，惟仓库及副都统署瓦屋，余寥寥土屋数间而已"。康熙三十年（1691 年），清廷拨银重修归化城，将东、南、西加以扩展，四周各设城门一座，城中设鼓楼，城门外有瓮城，城南为闹市，城北与大青山接壤处为牧场。

大召位于呼和浩特市玉泉区大召前街正北，是呼和浩特现存最大、最完整的木构建筑[64]。1579 年，根据察卜齐勒庙大会（仰华会盟）精神，阿拉坦汗在内蒙古地区建造了一座格鲁派寺院[65]。现大召整体布局为三纵行，由主院和东、西侧院三座院落组成，主院又由南北向的三个院落串联而成，院宽 54 米，第一进院落进深 31 米，第二进 65 米，第三进 90 米，总进深近 200 米；西侧院由南北向两院串联组成，院宽 45 米，第一进院落进深 104 米，第二进 47 米，总进深约 150 米，东院为一个整体院落，宽 45 米，进深 110 米。大召的建筑群由 20 余间殿堂建筑组成，这么宏伟的规模是经过历代重修、维修与扩建而成的，是一个不断发展的过程（图 4-2-1）。

一、大召的建造历程

建筑风格独特的大召，是蒙古高原汉藏结合式建筑的伊始，自建成之日起，其重要的宗教、政治、历史意义和建筑艺术相得益彰，成为藏传佛教再次传入蒙古地区的标志性建筑群，享有不可撼动的地位。1578 年阿勒坦汗与三世达赖结盟许愿建寺，1579 年开始动工，次年即完工，是宗教建筑艺术代表建筑之一，建寺工作如此顺利，得力于两方面原因[66]。一方面因阿勒坦汗对其领地的治理政策，中原流民纷纷投靠，确保了中国传统建筑营造技术的发展；另一方面因阿勒坦汗与清廷签订"隆庆和议"，以此为契机，向清廷请求

图 4-2-1　大召大雄宝殿

经书、佛像、高僧、工匠、颜料等，为顺利建造大召提供了技术、建材、匠人以及宗教文化的支持。

梳理大召建寺活动的沿革如表 4-2-1 所示：

大召建造活动的历史沿革　　　　　　　　　　　　　　表 4-2-1

序号	时间		事件	意义	出处
1	1554 年	明嘉靖三十三年	吕鹤、赵全等投奔了土默特的阿勒坦汗	为大召的顺利建造提供了基础	2
2	1565 年	明嘉靖四十四年	阿拉坦汗广招匠人，在如今内蒙古美岱召修筑大板升城	土默特部政治、经济、文化中心落成	2
3	1571 年	明隆庆五年	"隆庆会谈"后，创造了和平局面，同时向明廷请求经书、高僧、工匠、建材等以建造归化城	为顺利建造大召提供技术、建材、匠人以及宗教文化的支持	2
4	1572～1575 年	明隆庆六年至明万历三年	阿拉坦汗仿元大都的体制建造归化城与大召，归化城先建成	后逐步成为内蒙古中西部的政治、经济中心	4
5	1577 年	明万历五年	在察卜齐勒庙阿勒坦汗同达赖三世亲自会面，举行蒙古、藏、汉、维吾尔等民族十万人参加的大会	在蒙古地区开始建立黄教僧侣封建主和蒙古世俗封建主联合统治制度[67]，建立黄教寺院	1
6	1579 年	明万历七年	根据察卜齐勒庙大会精神，建大召	格鲁派传入蒙古地区	1

序号	时间		事件	意义	出处
7	1580 年	明万历八年	大召建成，供奉银佛①，又名"银佛寺"	格鲁派的传播阵地落成	2
8	1582 年	明万历十年	阿勒坦汗去世，其子僧格都棱汗邀请三世达赖主持葬礼	三世达赖取道青海出发，沿途讲经传法②	1
9	1585 年③	明万历十三年	达赖三世赴呼和浩特重新主持阿勒坦汗葬礼，并主持僧格都棱汉的新丧，又主持无量殿银佛开光法会	三世达赖喇嘛对蒙古各部首领广赐封号，从而使格鲁派与蒙古各部建立起更广泛、更密切的联系，为日后格鲁派向蒙古各部的传播作了有益的前期铺垫	2
10	1586 年	明万历十四年	蒙古右翼各部、左翼察哈尔部、漠北喀尔喀蒙古④、天山以北卫拉特蒙古都纷纷派人到呼和浩特请僧取经、学习召庙建筑艺术，蒙古民族的建筑艺术水平得到高度发展	—	1、3、4
11	1588 年	明万历十六年	三世达赖逝世	—	2
12	1589 年	明万历十七年	根据达赖三世生前遗愿，宣布阿勒坦汗孙云丹嘉措为达赖四世	蒙藏联盟得到保障	1
13	1627 年	明天启七年	察哈尔部林丹汗到达呼和浩特，并与皇太极展开了斗争	—	3
14	1632 年	明崇祯五年	皇太极追击蒙古左翼察哈尔部林丹汗到达呼和浩特[68]。林丹汗的部队在呼和浩特城中纵火，使得大召遭受了严重破坏[69]。皇太极战胜后，亲往大召，并以自己名义宣布，要保护这座召庙，任何人不准破坏	大召从此得到清廷的庇护，保持了极高的宗教地位	1
15	1640 年	明崇祯十三年	皇太极下令扩建大召，并赐满、蒙古、汉三种文字的匾额"无量寺"	—	1
16	1652 年	清顺治九年	五世达赖赴京路过	—	4

---

① 大召著名的艺术"三绝"：银佛、龙雕、壁画，是明代的历史遗物，具有极高的工艺水平和欣赏价值。佛像铸造于明代，高三米，用纯银三千斤。

② 1582 年阿勒坦汗逝世，其子邀请三世达赖亲临主持葬礼。三世达赖得到消息后取道青海出发。其间僧格都楞汉再次发出邀请，4 年后三世达赖终到呼和浩特。三世达赖积极促成"仰华会晤"，是因彼时格鲁派在西藏地区尚未形成气候，地位岌岌可危，他希望依靠蒙古的军事力量壮大格鲁派，所以借为阿勒坦汗主持葬礼的机会，沿途弘扬格鲁派。当时阿勒坦汗的军事势力从土默特已延伸至青海，因蒙藏联盟，沿途三世达赖得到多方邀请，三世达赖欣喜应邀，毫无倦怠，不辞辛苦为众信徒讲经授法摸顶。

③ 现有两种说法：1585 年（金峰．呼和浩特大召）；1586 年（莫日根．大召汉藏结合式正殿建筑艺术研究；迟利．呼和浩特现存寺庙考）。

④ 在漠北鄂尔坤河中游右岸建立额尔德尼召时，喀尔喀封建主们一致同意采用呼和浩特大召的图纸（金峰．呼和浩特大召）。

序号	时间		事件	意义	出处
17	1698 年	清康熙三十七年	康熙任命肖卓活佛内齐托音二世为呼和浩特八大寺掌印喇嘛，托音二世动用庙产将大召殿堂屋瓦换盖黄琉璃瓦。自此之后，大召主要建筑再没有发生多大变化	竣工后，清廷用黄金铸造了"皇帝万岁"的牌位，标志着大召成为帝庙①。	4
18	1878 年	清光绪四年	添绘佛像（绘功粗略）	—	3
19	1904 年	清光绪三十年	大召的扎萨克拉喇嘛募缘重修	—	3

注②：
[1] 金峰. 呼和浩特大召 [J]. 内蒙古师范大学学报（哲学社会科学版），1980（4）：52-79.
[2] 莫日根. 大召汉藏结合式正殿建筑艺术研究 [J]. 中外建筑，2017（9）：56-5.
[3] 刘磊，高旭. 呼和浩特大召研究 [C]. 中国民族建筑（文物）保护与发展高峰论坛 2017（4）：135-150.
[4] 包慕萍. 蒙古帝国之后的哈剌和林木构佛寺建筑 [J]. 中国建筑史论汇刊·第八辑，2012：172-198.
[5] 迟利. 呼和浩特现存寺庙考 [M]. 呼和浩特：远方出版社，2016.

通过以上梳理，大召的建造阶段可分为两个阶段，第一个阶段是阿勒坦汗家庙时期，由祖孙三代主持建设，形成一定规模，此时期得到了明廷的大力支持，所以建筑风格以汉式为主；第二个阶段主要在清廷的支持下建造，清康熙三十五年（1696 年）大召封为帝庙后，形成三路院落的规模，此时期与格鲁派联系增多，藏式元素逐渐丰富。20 世纪末，出于保护历史文物的目的，大召展开修缮工作；2005 年大召只遗留了中院、西院；2007 年 5 月拆掉了周围民居，形成一个完整的街区，接着重建了东路院落：山门、菩提殿、弥勒殿；2009 年建成了公中仓、大乐殿、庇佑殿（表 4-2-2）。

大召建造过程　　　　　　　　　　　　　　表 4-2-2

序号	阶段	时间		建造者	建设情况
1	阿勒坦汗家庙	1580 年	明万历八年	阿勒坦汗	初建落成时，只有现有的中路建筑，并未形成"迦蓝七堂"
2		1587 年	明万历十五年	僧格都隆汗	在大召正殿西侧建造阿勒坦汗的舍利塔[70]

---

① 一说是皇太极时期，供奉了"皇帝万岁"的神牌（金峰. 呼和浩特大召）；另一说是清康熙时期，供奉神牌，成为"帝庙"（刘磊，呼和浩特大召研究；迟利，呼和浩特现存寺庙考）。
② 关于大召建设的详细问题，众多文献记载不一，现无更多佐证求真，暂留疑问于此，并详细列明文献出处，备日后深入研究。

序号	阶段	时间		建造者	建设情况
3	阿勒坦汗家庙	1588 年	明万历十六年	鄂木布·洪台吉	在大召正殿北侧建造三世达赖的舍利塔； 在南侧建造举行祈愿的佛殿（大经堂或者过殿）①
4	清廷支持	1640 年	明崇祯十三年	—	加建中轴线上的山门、天王殿、九间楼
5		1697 年	清康熙 三十六年	托音二世	大召的东西二仓庙

二、大召大雄宝殿的建造历程

通过对建造历史沿革的分析，笔者推测大召初建时期，大雄宝殿只有佛殿，平面近似方形，三世达赖到达呼和浩特后，鄂木布·洪台吉加建经堂。原因有三：

1. 功能需求

格鲁派典型的三段式平面形制在五世达赖的弘扬下成熟并得到推广 [21]，这样的平面形式是因为格鲁派重教育，需要千人集会诵经的场所，所以需要大面积的经堂。大召建寺的初衷是出于政治因素，强调教育的三段式平面布局与阿勒坦汗建寺目的不符。结合第二阶段的建造情况，可见当时重视的还是佛殿、佛塔，并不重视寺院的教育功能。

明神宗万历十四年（1586 年）三世达赖到达呼和浩特，为阿勒坦汗重新主持葬礼，蒙古各部贵族前往听经，场面空前，自此以后大召开始有集会诵经的需求，才出现经堂。

2. 建筑风格

从建筑风格来看，大雄宝殿的经堂、佛殿柱网全部用减柱造，檐下斗栱和平板枋与额枋出头的做法属于明代旧制 [71]。另根据包慕萍学者的研究，鄂木布·洪台吉后加建的佛殿应是大经堂或过殿，因而原有正殿很有可能是延续蒙元帝国时期萨迦派的形制。

---

① 现有两种说法，一说，鄂木布·洪台吉于 1588 年在佛殿前加建佛殿，并铸造一对铁狮子（包慕萍. 蒙古帝国之后的哈剌和林木构佛寺建筑）；又说，鄂木布·洪台吉于 1623 年铸造一对铁狮子及祭器，置于大雄宝殿前（迟利. 呼和浩特现存寺院考）。音译不同所致，为了便于行文理解，本书选用鄂木布·洪台吉的翻译。

3. 效仿所建殿堂

除以上三方面的分析，根据漠北额尔德尼召的建筑形制也可作为佐证。多位学者研究文献时，提到漠北额尔德尼召是仿照大召所建，其中金峰翻译了蒙古文手抄本的《哲卜尊·丹巴·呼图克图传》，得到有关当时喀尔喀部建召的详细记载："在漠北鄂尔坤河中游右岸建立额尔德尼召时，喀尔喀封建主们就是一致同意采用呼和浩特大召的图纸"。如果大雄宝殿是逐步加建而成，初落成时的形式应与额尔德尼召相似，我们可以根据额尔德尼召反推大召初建时的形态。额尔德尼召为楼阁式建筑，两进深、三开间，副阶周匝一层高，与大召大雄宝殿佛殿较为相似。

通过以上论证，大召建设初期并无藏式元素，在托音二世扩建八大寺时期才开始融入藏式建筑文化，大召大雄宝殿属于"先汉后藏"的交融模式，先建造了楼阁式佛殿，后期在佛殿前加建了前殿、经堂（表4-2-3、图4-2-2～图4-2-5）。

大召大雄宝殿建造历程 表4-2-3

建造者	阿勒坦汗	托音二世
时间	明万历八年（1580年）	明万历十六年（1588年）
平面图		
透视图		
空间序列	佛殿	前殿—经堂—佛殿

图 4-2-2　大召西院乃琼庙 ①

图 4-2-3　大召主院菩提殿转经筒 ②

图 4-2-4　大召东院菩萨殿 ③

---

① 大召西院乃琼庙保存较好，是唯一一座没有采用黄色琉璃瓦的经殿建筑。
② 大召原有佛殿将副阶周匝设为转经廊，到清朝时期大召建筑形制演化，单体建筑已无围绕佛殿外设的转经空间，近年重新修缮时增加了转经筒。
③ 大召东院菩萨殿由纵向两殿组成。

图 4-2-5　大召东院玉佛殿[1]

第三节　　席力图召

　　席力图召位于呼和浩特市玉泉区小南街东侧，距西侧的大召仅 500 米左右。席力图召建于明万历十三年（1585 年），最初建立的目的是作为"三世达赖喇嘛"到蒙古地区弘法的驻锡地[72]。整体布局亦为三列，中院的中轴线最长，近 200 米，院宽 49 米；西院次之，中轴线约 175 米，院宽 30 米；东院最短，中轴线约 43 米，院宽 28 米（图 4-3-1、图 4-3-2）。

图 4-3-1　席力图召钟鼓楼　　图 4-3-2　席力图召主院

---

① 大召东院玉佛殿是近年重建的经殿，由三座单体建筑勾连搭组成，因后设有一座菩萨殿，所以玉佛殿后墙可穿行而过。

席力图召是为迎接三世达赖而建，三世达赖逝世前留遗言，四世达赖将转世于阿勒坦汗家族，并嘱咐徒弟噶布楚任其经师，于是噶布楚在此坐床，并管理蒙古右翼佛教事宜。因噶布楚曾抱四世达赖坐于法座之上，被称为"席力图呼图克图"，"席力图"是蒙古语音译，意为"法座"[73]。明万历三十二年（1604年）席力图噶布楚将四世达赖护送回藏后，返回呼和浩特，成为席力图召一世，至此这座寺院被称为席力图召，席力图博学多才，通晓经典，精通蒙古、藏、汉三种文字，受到蒙古统治者的推崇。四百多年以来，席力图共转世十一代活佛，各世活佛直接参与内蒙古（甚至北方地区）历史上的重大政治、宗教活动，并从席力图四世起，呼和浩特掌印扎萨克达喇嘛一职一直由席力图活佛世袭[74]，席力图召当仁不让成为呼和浩特地区藏传佛教的权力中心。

一、席力图召建造历程

梳理席力图召历史沿革及其建筑过程如表 4-3-1 所示：

席力图召历史沿革 表 4-3-1

序号	时间		事件	意义	建造情况
1	1585 年	明万历十三年	三世达赖到蒙古地区弘法的驻栖地	—	古庙①，古佛殿前身
2	1586 年	明万历十四年	三世达赖坐床时期	奠定了席力图召在内蒙古地区的崇高地位	—
3	1588~1603 年	明万历十六至三十一年	席力图噶布楚②坐床时期，为四世达赖讲法授经	加深了蒙古与格鲁派的联盟	扩建古佛殿[71]
4	1604 年	明万历三十二年	席力图噶布楚返回呼和浩特，主持席力图召，成为席力图一世[75]	更名为席力图召	全面的改建和扩建，自此席力图召初具规模，现西路院落成形
5	1652 年	清顺治九年	五世达赖前往北京路经内蒙古，席力图二世随同前往	—	—
6	1653 年	清顺治十年	五世达赖返藏途中，到访呼和浩特，并在席力图召举行法会③	席力图召声名大振	—

---

① 三世达赖居所，硬山造，面阔五间，进深四间，非抬梁式殿堂建筑，类似民居建造方式。
② 古佛殿就是为席力图噶布楚建造的居所。
③ 在席力图二世的陪同下，1653 年 5 月 6 日到达呼和浩特。

序号	时间		事件	意义	建造情况
7	1694 年	清康熙三十三年	席力图四世主持扩建，两年时间基本完工	建造了内蒙古地区最大的经堂（81 间），彰显了席力图召的宗教地位。席力图召院落整体布局基本成形	"修十二丈见方之二层主庙"，"前面修可容一千名喇嘛念经法会之大独宫，主庙之北修十四丈之天堂楼房，其西修一释迦牟尼庙，其东与之对称修三位长寿佛庙"[75]
8	1696 年	清康熙三十五年	康熙赐名"延寿寺"	得到清廷庇护	—
9	1734 年	清雍正十二年	席力图召四世被封为呼和浩特掌印扎萨克达喇嘛	庙产丰厚	—
10	1859 年	清咸丰九年	—	—	重修殿基，增高数尺
11	1887 年	清光绪十三年	—	—	发生火灾，全部烧毁
12	1891 年	清光绪十七年	—	—	现在看到的席力图召即在此基础上修缮的

　　根据梳理，席力图召的建造历程可分为三个阶段。第一阶段为席力图召的前身，此时期建有古庙、古佛殿两座建筑，古庙是席力图召最早的建筑，是为三世达赖而修建的，根据其硬山造的建筑形式，应为居住之所。古佛殿效仿大召所建（莫日根，2014 年），殿内安排了专供三世达赖就座的"法席"（塔娜，2017 年）[72]。第二阶段是在席力图召一世返回呼和浩特[①]以后扩建的，建成汉藏结合式前经堂、后佛殿的古佛殿，作为自己讲经授法的场所，并最终形成了西侧一路完整的院落建筑群。第三阶段是席力图召四世得到清廷的支持后，建成了完整的三路院落，中院藏式风格的大经堂九九八十一间，是内蒙古地区规模最大的经堂。2004 年之前席力图召只有中、西两路院落；2007 年拆除沿街建筑，完善西路，重建佛殿；2009 年新建经楼；2016 年拆除东路民居；2017年建成长寿殿（表 4-3-2）。

---

① 明万历三十年（1602 年），席力图噶布楚等护送四世达赖云丹嘉措入藏，于明万历三十一年（1603 年）在热振寺举行坐床典礼后，四世达赖喇嘛云丹嘉措对席力图噶布楚赐予了"班智达席力图固什淖尔济"之号，并派遣回到蒙古地区继续弘扬佛教。

席力图召建造历程　　　　　　　　　　表4-3-2

序号	阶段	时间		建造者	主要建筑
1	席力图召前身	1585年	明万历十三年	僧格都隆汗	古庙、古佛殿部分
2	席力图召西院	1604年	明万历三十二年	席力图一世	古庙经堂部分
3	席力图召整体院落	1694年	清康熙三十三年	席力图四世	大经堂、佛殿（主庙）、长寿殿、长寿塔等

　　1652年五世达赖莅临讲经后，席力图召成为蒙古高原最具影响力的格鲁派寺院，清廷为了政权统一稳定，给予宗教集团一定的权利和丰厚的财产，五世席力图效忠清廷，于1734年被封为呼和浩特掌印扎萨克达喇嘛，权倾一时、庙仓雄厚，之后多次扩建修缮。1887年虽然发生火灾全部烧毁，1891年再重建，依然是内蒙古地区规模最大的经殿建筑，在中国古代建筑史上享有盛名，被誉为"召城瑰宝"。因其影响力及丰厚的庙产，清后期还建造了多座属庙，如希拉穆仁召的普会寺、乌素图召的法禧寺等。

二、席力图召古佛殿的建造历程

　　席力图召古佛殿属于"先汉后藏"的模式，明万历十三年（1585年）僧格都隆汗建造了平面为正方形的佛殿部分，明万历三十二年（1604年）席力图一世在前面加建了门廊与经堂，门廊的结构形式完全属于藏式，经堂也出现了藏式元素（表4-3-3）。

席力图召古佛殿建造历程　　　　　　　　表4-3-3

建造者	僧格都隆汗	席力图一世
时间	明万历十三年（1585年）	明万历三十二年（1604年）
平面图		

透视图	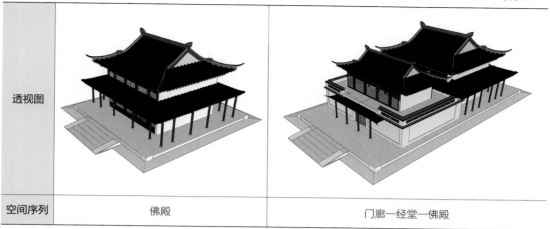	
空间序列	佛殿	门廊—经堂—佛殿

　　很长一段时间，"都纲法式"都是西藏地区藏传佛教建筑的范式，在格鲁派三段式出现之前影响广泛，经殿建筑基本采用此种形制。席力图召佛殿前加建了标准的"都纲法式"经堂，把两座大单体建筑连成一座大殿，形成了"汉藏并置"的融合模式。据文献记载，小召大雄宝殿形制与席力图召相同。

三、席力图召大雄宝殿的建造历程

　　席力图召的总体布局与大召一样，由三座院落组成，每座院落中的正殿为汉藏结合式，其余建筑均为汉式。中院大雄宝殿的汉藏融合模式和古佛殿不一样，是"汉藏并置"的融合模式，席力图召大经堂平面呈"凸"字形，是典型的西藏"都纲法式"做法，佛殿则是标准的抬梁式殿堂建筑。

　　席力图召中院的大经堂、佛殿经过了多次修缮、重建，初建时期经堂、佛殿是分设的，两殿之间有 5~6 米的窄长庭院[60]，据文献载"庭院后方设有石阶，登上台阶，进入主庙"。近年重建佛殿时，将经堂、佛殿合建为一座整体建筑，两殿以廊相连（表 4-3-4）。

建造者	席力图四世	未知
时间	清康熙三十三年（1694 年）	现状
平面图		
透视图		
空间序列	门廊—佛殿，经堂（分设）	门廊—经堂—过道—佛殿

第四节　准格尔召

准格尔召位于原伊克昭盟鄂尔多斯左翼前旗，准格尔召从明清以来 300 年间经过不断修缮（表 4-4-1），规模日益可观，建筑群坐西北朝东南，整体布局属于自由式，中间最大的寺庙为苏克沁独宫，是一个有墙体围合的院落，院宽约 32 米，进深 72 米，布局形式特殊。

明末清初，准格尔召是蒙古和西藏的交通要道 ①，三世达赖到归化城、四世达赖去西藏、五世达赖得到清廷的金册金印后随许蒙古贵族教法、六世班禅于清乾隆四十五年（1780 年）朝觐乾隆皇帝都曾驻足。重要的地理位置使准格尔召成为满、蒙古、汉、藏文化交流的重要驿站 [76]。

准格尔召前身为一座小庙，初建年具体时间不详，但是一定在阿勒坦汗与

---

① 当时从西藏、青海到内蒙古的路线：银川渡黄河，经鄂托克旗，到郡王旗，再由准格尔旗东渡黄河，到达呼和浩特。这是三世达赖和四世达赖来往蒙藏的行径路线。

索南嘉措建交之前所建。三世达赖前往归化城途经此地，受到鄂尔多斯部的盛情邀请，在此停留讲经授法，并与部落首领商定扩建召庙，后派弟子协助。现在所看到的准格尔召大雄宝殿分期建成，明末所建为四殿围合式，清朝时期改建为前经堂后佛殿的形式，此后形式再未有变动（表4-4-1、图4-4-1～图4-4-7）。

	准格尔召大雄宝殿建造历程	表 4-4-1
建造者	岱青	那木扎勒多济
时间	明天启三年（1623年）	清（不详）
平面图		
透视图		
空间序列	四大金刚殿、莲花殿、弥勒殿、大雄宝殿	前殿—经堂、莲花殿、弥勒殿、大雄宝殿

图 4-4-1　准格尔召大雄宝殿门殿一层

图 4-4-2　准格尔召大雄宝殿门殿二层室内

图 4-4-3　准格尔召大雄宝　图 4-4-4　准格尔召大雄宝殿门殿二层楼梯
殿门殿二层外廊

图 4-4-5　准格尔召四大金刚殿　　　　图 4-4-6　准格尔召内院

图 4-4-7　准格尔召依怙殿

一、准格尔召佛殿建造期

明天启三年（1623 年），明海岱青花费五千两银两从沙圪堵城找来了铁匠和木匠建造了一座黄绿琉璃瓦顶的汉式大佛殿，"佛殿前方是弥勒菩萨庙，左侧是莲花大庙，右侧是四大金刚庙，寺院周围是厚三托、高四托多的围墙，四面各有一门"[77]。由此可见，寺院布局体现了"曼陀罗"的空间观念。

二、准格尔召经堂建造期

清朝时期，六世达赖前往五台山朝拜途经此地，在此传法[①]，使得准格尔召颇有威望，准格尔旗第五代扎萨克王那木扎勒多济主持扩建了大经堂[77]，至此准格尔召渐具规模。

通过梳理历史沿革，以及分析大雄宝殿独特的院落布局，可知明末准格尔召是一座迦蓝七堂式的寺院，清朝时期将四大金刚殿改建为汉藏结合的经堂，是典型的"先汉后藏"融合模式。

第五节　昆都仑召

昆都仑召位于包头市昆都仑河河畔，清雍正七年（1729年）确立为原乌兰察布盟乌拉特中公旗庙，召庙建筑群占地约36公顷，殿宇楼阁27座。寺庙建筑风格既有藏式也有汉藏结合式，并非同一时期建成。

昆都仑召的建造可分为三个时期，第一个时期是介布仁庙时期的建筑群，第二个时期是以小黄庙为核心的建筑群，第三个时期是以现有大雄宝殿为核心的建筑群。

一、介布仁庙期

先秦时期就形成河谷道的昆都仑河在历史上一直是中原通往西域大漠的要塞。康熙年间，昆都仑村更是清朝屯集军事物资的重要仓库——第六台[78]。可见，昆都仑村因其地理位置的优渥，形成了农业、牧业、商业中心与村落，故在此处建造了介布仁庙。建庙的具体时间不详，建筑形制已不可考，但从建庙的时代背景来看，可能是一座汉式坡屋顶建筑，并在此基础上扩建为后来的小黄庙[78]。

---

① 根据历史文献记载，六世达赖在前往京城的途中，病逝于青海。近年有了新的研究发现，认为六世达赖并未病逝，而是隐姓埋名，在内蒙古阿拉善地区传法。

二、以小黄庙为核心期

清康熙五十四年（1715年）青海游僧嘉木桑桑宝到此传法，在地方信众的支持下将汉式坡屋顶的介布仁庙扩建为汉藏结合的小黄庙（表4-5-1），后历经十四年，清雍正七年（1729年）在乌拉特中公旗旗王爷为首的政治力量推动下，建造成初具规模的以汉式建筑风格为主的迦蓝七堂制庙宇（图4-5-1）。

昆都仑召小黄庙建造历程 表4-5-1

建筑	介布仁庙	小黄庙
建造时间	未知	清雍正七年（1729年）
平面图		
透视图		
空间序列	佛殿	门廊—经堂—佛殿

三、以大雄宝殿为核心期

清雍正九年（1731年）嘉木桑桑宝远赴多伦善因寺学习，其间获得乾隆授予"却尔基"学位，学成后回到昆都仑召，被拥戴为本寺活佛。有此重任，嘉木桑桑宝赴京觐见乾隆，请求恩赐布施扩建召庙，最终扩建形成汉藏结合、以藏为主的寺院建筑群。召庙由5个建筑群组成，四大天王殿、大雄宝殿、小黄庙在一条轴线上，坐北朝南，没有院墙围合，其他四组建筑群均有院落围合。

图 4-5-1 昆都仑召小黄庙

　　2008 年之前，昆都仑召的整体布局是汉藏结合式，中轴线上是大雄宝殿、小黄庙，其余建筑则自由布置；2008 开始拆除周围民居，形成完整的景区；2010 年 9 月之前完成修复工程，并且加建了几座殿堂建筑。昆都仑召的小黄庙属于"先汉后藏"的融合模式，后期建造规模较大的几座经殿建筑均为藏式（如大雄宝殿等），而一些配殿则在藏式建筑上融入了汉式元素，比如大雄宝殿前的四大天王殿，形成汉藏结合、以藏为主的模式（图 4-5-2、图 4-5-3）。

图 4-5-2　昆都仑召大雄宝殿

图 4-5-3　昆都仑召东活佛府

第六节　　乌素图召

乌素图召（图4-6-1）位于内蒙古呼和浩特市的西北角，大青山阳坡，半山腰处，因山而建。鼎盛时期由毗邻相连的7座寺院组成，即以庆缘寺为中心，东有长寿寺，西有东茶坊，东北有法禧寺，西北有药王寺，正北为罗汉寺，罗汉寺北面为法成广寿寺。随着年代的久远，其中四座寺庙都已经遭到了不同程度的损毁[79]，只有庆缘寺、长寿寺、法禧寺保存较为完好，庆缘寺、法禧寺的大雄宝殿属于汉藏结合式建筑。

（a）乌素图召鸟瞰　　　　　　　　　（b）庆缘寺鸟瞰　　　　　　　　　（c）庆缘寺大雄宝殿鸟瞰

图4-6-1　乌素图召庆缘寺

庆缘寺建造历程

庆缘寺大殿是乌素图召第一座寺庙，是规模最大的大雄宝殿，同时也是寺庙群的核心院落。明万历三十四年（1606年）①，乌素图召的第一代活佛"察哈尔迪彦齐一世"在城西北洞中坐禅修行，同年组织蒙古族匠人希古尔、拜拉进行设计，主持建造寺院。"当时的寺庙规模宏伟，有正殿一座和左右偏殿二座，还有一座四大天王庙"，可见初建时期是四殿围合的院落式布局模式。清乾隆四十七年（1782年），因年久失修、破旧不堪，次年察哈尔迪彦齐五世对庆缘寺进行了维修与扩建，形成了纵向三殿的形式（表4-6-1），再次年理藩院赐名"庆缘寺"[80]。2013年乌素图召开始整体维护工程，并完成了广场硬装工程。庆缘寺有两重院落，第一进院落宽约47米，进深约96米，第二进院落进深约46米，整体布局为汉式院落式，只有大雄宝殿是汉藏结合式风格。

---

① 另一说，庆缘寺建于明万历十一年（1583年）（金启琮，1981年）。

建造者	察哈尔迪彦齐五世	察哈尔迪彦齐五世
时间	明万历三十四年（1606 年）	清乾隆四十八年（1783 年）
平面图		
透视图		
空间序列	四大天王殿、左右偏殿、大雄宝殿	"三重勾连搭式"大雄宝殿

　　庆缘寺初建于明代，整体布局为四殿围合的院落式，清乾隆年间复建，在原来的基础上重建了汉藏结合的纵向三殿，至此基本定型。由此，庆缘寺汉藏交融的建造历程是"先汉后藏"的模式（图 4-6-2 ~ 图 4-6-8）。

图 4-6-2　乌素图召庆缘寺院内

图 4-6-3　乌素图召庆缘寺大殿内转经廊

图 4-6-4　乌素图召庆缘寺前殿二层室内

图 4-6-5　乌素图召庆缘寺大殿室内 [1]

图 4-6-6　乌素图召庆缘寺屋顶小殿

图 4-6-7　乌素图召庆缘寺二层上人屋面 [2]

图 4-6-8　乌素图召庆缘寺佛殿室内

---

[1]　图 4-6-5 是庆缘寺大雄宝殿经堂部分最后一进深，从照片中可看出，这部分虽然在空间组织上在经堂中，然而从结构形式、功能角度分析却是佛殿的廊道空间。

[2]　庆缘寺大雄宝殿建筑结构形式采用抬梁式，重檐歇山顶，为了做出藏式风格，将起翘的屋顶处理，做成可上人屋面。

本章小结

　　建造背景是建筑"生长"的环境因素，汉藏交融方式的演变就是建筑"学习""适应"的过程。通过对召庙建造历史沿革的梳理，分析对比融合模式的差异，得出以下结论：

　　1. 汉藏建筑文化的融合是一个动态的过程，阿勒坦汗家庙作为内蒙古中部地区的代表建筑，参与了整个汉藏结合的过程，其融合现象有"先汉后藏"的植入模式、"汉藏并置"以及"汉藏融置"的融合模式，阿勒坦汗家庙具有一定的影响力，较早完成了汉藏建筑文化的融合，所以"汉藏融置"主要是"以汉为主"的类型。

　　2. 旗庙汉藏融合现象主要有两个特征：其一，在原有小庙的基础上不断进行扩建，逐渐融入藏式元素，最终形成颇具规模的寺院；其二，旗庙的建设是蒙古统治阶级得到清廷的支持和同意下所建造的。此时，当地工匠已经掌握了藏式经殿建筑的建造技术，出现了汉藏建筑文化融合的最高表现，即内蒙古地区特有的"纵向三殿式"成熟期的建筑形制。

第五章

融合模式

图 5-0-1　希拉穆仁召普会寺

第一节　"先汉后藏"的植入模式

"纵向三殿式"初期是"先汉后藏"的植入模式。木构造框架结构是汉式建筑的首要特征，本节首先从结构理性的角度出发，研究殿堂建筑的建造逻辑，按照建造顺序，先分析结构单体 C，然后分析结构单体 A、B（以乌素图召庆缘寺为例，图 5-1-1）。因为藏传佛教建筑根据其教义有其独特的空间组织和空间形态，所以接下来从空间组织的角度出发，研究殿堂建筑的使用逻辑。最后，分别从建造逻辑和使用逻辑的角度分析汉藏建筑文化的融合方式（图 5-1-2）。

一、"先汉后藏"的建构与表现

"先汉后藏"交融模式的主要特点是在原来既有佛殿的基础上，在佛殿前面又加建了 2 个独立的结构单体。根据文献考证，"先汉后藏"的类型

（a）乌素图召庆缘寺鸟瞰

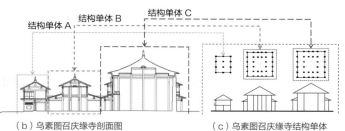

（b）乌素图召庆缘寺剖面图　　（c）乌素图召庆缘寺结构单体

图 5-1-1　结构单体 A、B、C 位置分析图

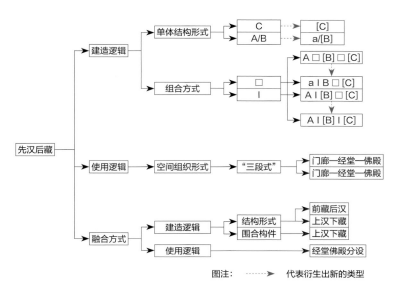

图注：　┈┈┈▶　代表衍生出新的类型

图 5-1-2　研究思路

（表 5-1-1）有美岱召大雄宝殿和准格尔召大雄宝殿；陈未提出大召的大雄宝殿并非同期建成，纵向三殿的形式是在后期完成的[66]；根据对建筑形式的分析以及建筑形态的发展，笔者认为席力图召的古佛殿也属于此类型。据此，"先汉后藏"的殿堂建筑共有 4 座，分别是美岱召、大召、准格尔召的大雄宝殿以及席力图召的古佛殿。

殿堂建筑的结构形式对比

表 5-1-1

结构形式	美岱召大雄宝殿	准格尔召大雄宝殿	大召大雄宝殿	席力图召古佛殿
结构单体数量	3	3	3	2
结构公式	A+[B]+[C]	A+[B]+[C]	A+[B]+[C]	a+B+[C]

注：A 代表第一个结构单体，a 代表门廊，B 代表第二个结构单体，C 代表第三个结构单体，[ ] 代表副阶周匝。

（一）结构单体 C 的结构形式

"先汉后藏"交融模式都是先建造了佛殿，即纵向三殿中的第三个结构单体 C，再建造前面两个结构单体 A、B，按照建造顺序，先分析第三个结构单体 C。

美岱召结构单体 C 为抬梁式，墙体和梁架结构共同承重，外观三层高，室内一层通高，重檐歇山顶三滴水，平面呈正方形。一层七开间、六进深，符合汉式建筑"开间为奇数进深为偶数"的习惯做法，内有 24 根柱子，最后一进深设置佛像，第四进深明间设置佛像，室内第一进深左右次间和稍间之间的两根柱子减掉，最后一进深明间、次间和稍间的四根柱子全部减掉，以设置佛像。副阶周匝的柱网并没有与主体建筑的柱网对齐，采用移柱，七开间、七进深。二层设置一圈缠腰柱，七开间、七进深（表 5-1-2）。整体空间特征，从外到内，逐层升高，是一座非常典型的立体曼陀罗式建筑，是内蒙古地区元代藏传佛教萨迦派殿堂建筑的典型形制。

准格尔召结构单体 C 一层高，重檐歇山顶。七开间、四进深，内有 18 根柱子，最后一进深设置佛像。副阶周匝七开间、六进深（表 5-1-2）。

大召大雄宝殿的结构单体 C 一层高，重檐歇山顶。五开间、五进深，平面形式为金厢斗底槽，内有 12 根柱子，最后一进深设置五方佛，两侧设置八大菩萨，第二进深中间三开间为礼佛空间。副阶周匝七开间、七进深（表 5-1-2）。

陈未认为阿勒坦汗建造的佛殿是正方形的殿堂，经堂是在三世达赖到达呼和浩特前后，根据格鲁派的宗教需求逐步扩建的[81]，他从历史传承、功能需求几个方面佐证"先汉后藏"的观点。笔者认同"先汉后藏"的观点，除了以上的论据，提出三点补充：

1. 从承重结构分析，佛殿是墙体和梁架结构共同承重，正立面五间三启①，两尽间的墙体是承重墙体，内蒙古地区"墙体和梁架结构共同承重"的特点是外围护墙体为承重墙体，室内墙体只起到分隔空间的作用，所以可推测佛殿墙体原为外墙。

2. 从建筑形制分析，与西藏殿堂建筑形制的发展历程进行对比分析，阿勒坦汗建大召时格鲁派殿堂建筑形制并未成熟，"三段式"的布局形式在五世

———————————

① "五间三启"意为面阔五开间，其中三开间为可开启的门扇。

达赖时期才被定型和被推广[21]，所以阿勒坦汗初建大召时，只有一座汉式佛殿。其次，整个修建过程得到了山西总督的大力支持，建造的匠人大多来自山西，与山西殿堂建筑对比分析，佛殿建筑形制十分相似，可见当时受地域的影响很大。

3．从政治角度分析，阿勒坦汗的政治目的是恢复"政教二道"，而西藏势力也并未单指"格鲁派"，实际上阿勒坦汗获得了大量明廷赠予的噶举派和萨迦派的高僧和经书。

席力图召古佛殿的结构单体C一层高，重檐歇山顶。三开间、三进深，平面形式为双槽，内有4根柱子，最后一进深设置三世佛，两侧设置八大菩萨。前排金柱向前移动半个柱距，后排金柱向后移动半个柱距，在纵深方向上扩大第二进深空间，作为礼佛空间。副阶周匝五开间、五进深（表5-1-2）。

作者推测席力图召古佛殿也属于"先汉后藏"的类型，结构单体B是后期加建的，原因有二：

1．从承重墙体形式分析，结构单体C墙体上半部分涂刷为砖红色，结构单体B的墙体为砖墙，未经涂刷，应该非同期建设。两单体之间的部分与结构单体B构造一致，应为同期建设，但是从建筑整体形象上分析，这部分属于结构单体C的副阶周匝，所以把墙体涂刷成砖红色，在立面形象上与结构单体C的墙体一致（图5-1-3）。

2．从结构形式分析，古佛殿门廊的结构形式属于藏式，古佛殿为迎接三世达赖，由僧格都隆汗主持修建，初建时期略晚于大召，此时期没有技术、人员支持完成藏式结构的建筑。

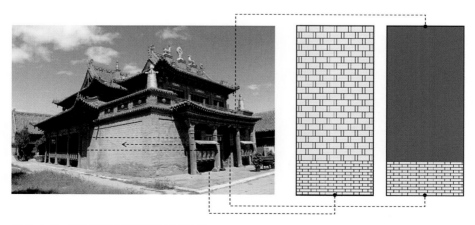

图5-1-3　席力图召古佛殿墙体形式分析

内蒙古汉藏结合式历史建筑　第五章　融合模式

结构单体 C	美岱召	准格尔召	大召	席力图召
平面图				
剖面示意图				
主屋层高	外 3 内 1	1	1	1
副阶周匝	有	有	有	有
副阶周匝层高	1	1	1	1
开间进深	7×6	7×4	5×5	3×3
平面形式	金厢斗底槽（正方形）	长方形	金厢斗底槽（正方形）	双槽（正方形）
室内柱子数量	24	18	12	4
是否减柱	是	否	是	否

　　综上所述，据"先汉后藏"类型结构单体 C 结构形式的统计分析（表 5-1-2），可总结此类型的共同点与相异之处：

　　1．"先汉后藏"类型的结构单体 C 承重结构都是外围护墙和梁架结构共同承重，室内的层高都比较高，都是重檐歇山顶，有副阶周匝，营造高阔的神性空间。

　　2．本节分析的四座建筑中除了准格尔召大雄宝殿的结构单体 C 平面为长方形，其余三座平面形式都为正方形。推测有两方面的影响：一是建造匠人主要来自山西，受山西佛教殿堂建筑的形制影响；二是受元代萨迦派遗留殿堂形制的影响。

　　3．美岱召和准格尔召结构单体 C 建造于明代，汉式建筑风格浓郁，结构框架奇数开间、偶数进深，大召大雄宝殿、席力图召古佛殿的结构单体 C 均为奇数开间、奇数进深。

（二）结构单体 A、B 的结构形式

美岱召、大召、席力图召都是紧挨着原有佛殿进行加建，和原有佛殿形成一个整体。准格尔召佛殿与加建部分之间有一进院落，院内东西各有一个小配殿，一组建筑形成了一个完整的院落，周围有院墙围合。

美岱召、大召、准格尔召的结构单体 A 平面形式都为单槽，其中美岱召、大召结构单体 A 二层高，一层架空，歇山顶，三开间、二进深；准格尔召结构单体 A 一层高，卷棚顶，五开间、二进深，二层在梁上架柱，加建一座小殿，歇山顶，三开间、一进深；席力图召古佛殿由两个结构单体组成，入口为藏式风格的门廊，三开间。

美岱召、准格尔召结构单体 A/a 结构形式对比　　　　　　表 5-1-3

A/a	承重方式	层数	屋顶形式	开间 × 进深	建筑风格
美岱召大雄宝殿前殿	梁柱承重	2	歇山顶	3×2	汉
大召大雄宝殿前殿	梁柱承重	2	歇山顶	3×2	汉
准格尔召大雄宝殿前殿	砖墙、梁柱	2	一层卷棚顶	5×2	汉藏结合
			二层歇山顶	3×1	
席力图召古佛殿门廊	柱、托木	1		3×1	藏式

结构单体 A/a 对比　　　　　　表 5-1-4

建筑	大召大雄宝殿前殿	准格尔召大雄宝殿前殿	席力图召古佛殿门廊
照片 / 模型			

根据表 5-1-3 统计对比分析，美岱召、大召大雄宝殿的结构单体 A 建筑形制完全一致，将阁楼式建筑一层墙体推至金柱，第一进的空间全部开敞，作为入口空间，是从室外到室内、从俗世到净土的过渡空间。准格尔召大雄宝殿

的结构单体 A 一层空间半开敞，全部作为门廊空间，为了形成纵向三殿的形式，在一层梁上架柱，加建一间小屋，三开间、一进深，歇山顶。席力图召的门廊除了使用瓦当、滴水以外①，完全属于藏式，可见加建门廊时，藏式建筑技术已经传入蒙古高原（表 5-1-4）。

结构单体 B 对比　　　　　　　　　　表 5-1-5

结构单体 B	美岱召	准格尔召	大召	席力图召
平面图				
剖面示意图				
主屋层高	2	1	2	2
副阶周匝	有	有	有	无
副阶周匝层高	1	1	1	—
开间进深	5×3	5×5	5×5	3×2
室内柱子数量	4	16	8	6
是否减柱	是	否	是	是

美岱召大雄宝殿的结构单体 B 两层通高，歇山顶，五开间、三进深，减掉 4 根内金柱，副阶周匝一层高，与常用尺度[82]相比宽度加宽②（表 5-1-5）。大召大雄宝殿结构单体 B 两层通高，五开间、五进深，金厢斗底槽，副阶周

① 内蒙古地区的藏传佛教建筑，在屋顶、墙头处多使用瓦、瓦当、滴水等构件代替阿嘎土，使建筑脱离"茅茨土阶"的状态。

② 明清以前的殿堂建筑的面阔进深、檐高、屋顶坡度线虽没有完整的定制，但都遵守着一个历史传统的标准；清《工程做法则例》则专门制订了具体的规定。

匝加宽，使得整体面宽与结构单体 C 相等，中间三开间、三进深，二层通高，歇山顶。席力图召古佛殿结构单体 B 两层通高，五开间、四进深，减掉两根内柱，中间三开间两层通高，歇山顶，无副阶周匝。准格尔召大雄宝殿结构单体 B 一层高，重檐歇山顶，五开间、五进深，副阶周匝加宽与室内柱距相等，形成七开间、七进深的经堂空间，室内空间特征与藏式建筑相似，开间、进深的柱距全部相同，并无主次之分，也无减柱以强调空间的重要性（表 5-1-5）。

通过以上对"先汉后藏"模式的经殿建筑的结构单体 A、B、C 的对比分析，美岱召、大召、席力图召均为黄金家族所建，相似性较多：

1. 美岱召、大召大雄宝殿结构单体 B 都是殿挟屋形式，将副阶周匝空间围合在内，这是明清时期北方为了扩大室内空间的常用手法，砖墙与梁柱共同承重。

2. 改变廊柱位置，副阶周匝空间变大。相较汉式建筑惯用的尺度比例，经堂副阶周匝的开间较大，往往与明间尺寸相近，一是为了获得更大的室内空间，二是为了使经堂面宽与佛殿整体等宽；席力图召古佛殿经堂无副阶周匝，同样采用殿挟屋形式，将四周的空间围合入室内。

3. 为了突出空间的重要性以及仪式需要，多采用减柱做法。

4. 为了营造都纲法式的空间形式，结构主体部分二层通高，副阶周匝一层高，改变了原有主体结构与副阶周匝的尺度比例关系。

美岱召、大召大雄宝殿的结构单体 A、B 应该在相对较早时期加建，推测为明后期、清前期。准格尔召、席力图召的加建部分应该是在比较晚的时期，其中准格尔召具有突出的地域特色，表现为以下两点：

1. 屋顶形式更为丰富，加入了硬山（佛殿前的东西配殿，分别为弥勒殿和莲花生殿）、卷棚顶（结构单体 A 一层的屋顶形式）。

2. 经堂的屋顶形式为重檐歇山顶，屋顶的起翘、长宽高的比例并非常规尺度，而是根据平面尺寸直接拉伸。

（三）接合方式分析

"先汉后藏"类型共有 4 个案例，因并非同期建造，结构单体之间留有一定的空间，只有大召结构单体之间采用共设柱的形式（表 5-1-6）。

"先汉后藏"殿堂建筑的结构单体的结合方式 表 5-1-6

	结构单体 A		结构单体 B		结构单体 C		结构单体 A、B 的连结方式	结构单体 B、C 的连结方式	结构公式
	开间 × 进深	副阶周匝	开间 × 进深	副阶周匝	开间 × 进深	副阶周匝			
美岱召大雄宝殿	3×2	无	5×3	有	7×6	有	□	□	A□[B]□[C]
席力图召古佛殿	3×1	无	3×3	一半	3×3	有	□	□	a□B□[C]
准格尔召大雄宝殿	5×2	无	5×5	有	7×4	有	I	□	A I [B]□[C]
大召大雄宝殿	3×2	无	5×5	有	5×5	有	I	I	A I [B] I [C]

注：A 代表第一个结构单体，a 代表门廊，B 代表第二个结构单体，C 代表第三个结构单体，[ ] 代表副阶周匝，□ 代表两个结构单体之间留有一定空间，I 代表两个结构单体共设柱。

通过以上统计分析，并用公式表达结构形式，4 座殿堂建筑的结构公式各不相同。最早建设的美岱召大雄宝殿，三个结构单体并非同期建设，所以两两之间均有空间，结构公式为"A□B□C"（图 5-1-4a），此结构公式为原型，从而衍生出其他结合方式。席力图召古佛殿由两个结构单体组合而成，结构公式是"a□B□C"（图 5-1-4b），结构单体 B 与门廊 a、结构单体 C 之间都留有一定空间。准格尔召大雄宝殿的结构公式是"A I B□C"（图 5-1-4c），结构单体 A、B 同期建设，结构单体 A 的檐柱与结构单体 B 的廊柱共设，把两个结构单体连接成为一个整体，而与佛殿之间有一进院落，院内还设两座小殿。大召的结构公式为"A I B I C"（图 5-1-4d），四个殿堂建筑中，唯有大召大雄宝殿的三个结构单体的两处连接都采用共设柱的形式，据以上论证大召的整体确非一次建成，应该是在后期改造中完成，可见当时超凡的建造技艺。总结以上纵向三殿的结合方式，"纵向三殿式"经殿建筑的初期，因并非同时建设，所以结构单体之间有一定的空间，这种形式逐渐定型后，在"纵向三殿式"的形成期时，就采用了共设柱的形式（图 5-1-5）。

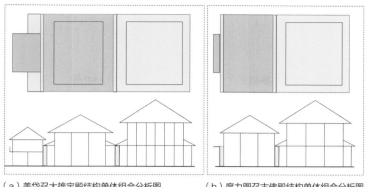

（a）美岱召大雄宝殿结构单体组合分析图　　（b）席力图召古佛殿结构单体组合分析图

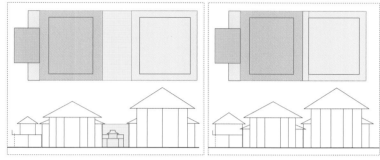

（c）准格尔召大雄宝殿结构单体组合分析图　　（d）大召大雄宝殿结构单体组合分析图

图注：红色线段为共设柱，红色区域为连接空间

图 5-1-4　结构单体组合分析图

图注：分析结构单体组合方式时，为了聚焦研究问题，故省略副阶周匝

图 5-1-5　结合方式的演化过程

二、"先汉后藏"的空间组织

汉式建筑与藏式建筑是两个独立的建造体系，建造逻辑与使用逻辑不一致是早期经殿建筑的特征。一是因为建造条件不足，二是因为当时格鲁派影响力较弱，经殿建筑的形制也并未定型，所以早期内蒙古地区所建造的格鲁派经殿建筑采用"萨迦遗留式"。第二次建寺高潮期，格鲁派作为北亚第一大宗教派系走上历史舞台，为了满足格鲁派的宗教需求，在中国传统古建筑的结构框架里，通过改变围护构件的位置，对原有空间进行重新组织（表5-1-7）。

"先汉后藏"空间组织分析　　　表 5-1-7

	空间再组织				开间 × 进深				
	门廊	经堂	佛殿	副阶周匝	门廊	经堂		佛殿	副阶周匝
美岱召大雄宝殿	A₁	A₂+[B]+[	C	有	3×1	([+5+])×(1+□+[+3+]+□+[)	7×9	7×6	3面
大召大雄宝殿	A₁	A₂+[B]+[	C	有	3×1	([+5+])×(1+[+3+]+[)	7×7	5×5	3面
席力图召古佛殿	a	B+[	C	有	3×1	5×(□+3+□)	5×5	3×3	3面
准格尔召大雄宝殿	A	[B]	C	有	5×2	([+5+])×([+5+])	7×7	7×4	4面

注：A 代表第一个结构单体，a 代表门廊，B 代表第二个结构单体，C 代表第三个结构单体，[ ] 代表副阶周匝，□ 代表结构单体之间的空间。

美岱召大雄宝殿门廊只占有结构单体 A 的一进深，即 A₁，形成三开间、一进深的入口空间；后半部分 A₂ 和两结构单体之间的空间□则划入经堂，除了结构单体 B，经堂包含结构单体 C 副阶周匝的前侧和两结构单体之间的空间□，形成七开间、九进深的经堂空间；结构单体 C 的主屋部分是佛殿空间，副阶周匝形成"U"字形的转经空间（图 5-1-6a），与经堂连通。

大召大雄宝殿空间组织和美岱召相同，门廊只占有结构单体 A 的一进深，即 A₁，形成三开间、一进深的入口空间；后半部分 A₂ 则划入经堂，除了结构单体 B，经堂包含结构单体 C 副阶周匝的前侧，形成七开间、七进深的经堂空间；佛殿部分与美岱召一致（图 5-1-6b）。

4 座经殿建筑中，唯有准格尔召大雄宝殿遵从原结构框架形式，结构单体 A、B、C 分别对应前殿、经堂、佛殿。此外，准格尔召大雄宝殿的佛殿是单独设立，经堂与佛殿之间留有一座小院，院中还设有两座配殿，保留了明时"四殿围合"的空间组织形式（图 5-1-6c）。

席力图召古佛殿结构单体 B 三开间、三进深，进深方向上，门廊与建筑主体结构之间空间□、结构单体 B、C 之间的空间纳入经堂之内；面宽方向上，为了佛殿副阶周匝等齐，向左右两侧各扩展一间，最终形成五开间、五进深的经堂空间；佛殿部分与美岱召大雄宝殿一致（图 5-1-6d）。

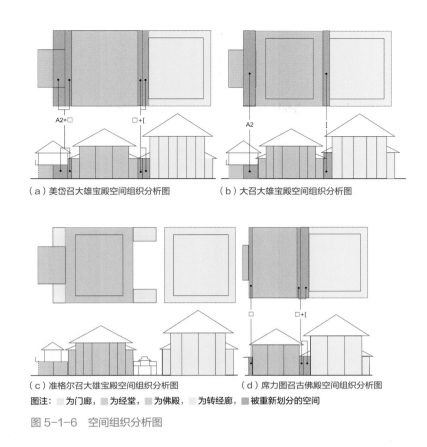

（a）美岱召大雄宝殿空间组织分析图　　　　（b）大召大雄宝殿空间组织分析图

（c）准格尔召大雄宝殿空间组织分析图　　　　（d）席力图召古佛殿空间组织分析图

图注：▨ 为门廊，▨ 为经堂，▨ 为佛殿，▨ 为转经廊，▨ 被重新划分的空间

图 5-1-6　空间组织分析图

三、"先汉后藏"的规则与理念

建筑如同语言，都是人类思维的产物，只有符合逻辑法则的语言才能用于交流，才能被他人理解。建筑也是如此，限定建筑形式的法则不可能脱离历史上产生的建筑形式而存在，它只能存在于原先的建筑类型中。从语言学上来看，固定的要素就相当于用作工具的语言，即"元语言"（Meta-Language），变化的要素就相当于被描述的语言，即"对象语言"（Objective-Language）[29]。因为两种语言之间存在着逻辑矛盾，所以不能放在同一层次研究，而需要分层研究，建筑类型学常借用这种"元逻辑"进行研究。汉藏建筑文化各成体系，是两个独立的建筑语言系统，研究汉藏结合的经殿建筑时，通过建筑类型学了解设计的"元范畴"（Meta-Category-of-Design），进而在设计中区分出"元设计"与"对象设计"的层次，最后总结构成建筑要素的基本句法。

"先汉后藏"类型的经殿建筑中原有的汉式佛殿可以视为"元设计"，后期加建的部分逐层分析，将藏式风格的部分视为"对象设计"，以此为指导思路进行研究，分析此类型经殿建筑的汉藏组合方式。

汉藏建筑文化的融合发生在建造体系的各个层面，需要分别论述，才能梳理清楚汉藏融合的方式，本节分别从建造逻辑、使用逻辑两个角度进行分析，归纳总结汉藏融合的设计原则（表 5-1-8）。

结构形式的汉藏风格分析 表 5-1-8

经殿建筑	结构单体	A/a	B	C	结构形式组合类型
美岱召大雄宝殿	3	汉式	汉式	汉式	HA+HB+HC
大召大雄宝殿	3	汉式	汉式	汉式	HA+HB+HC
准格尔召大雄宝殿	3	汉式	汉式	汉式	HA+HB+HC
席力图召古佛殿	2	藏式	汉式	汉式	Za+HB+HC

注：H 代表汉式建筑结构形式，Z 代表藏式建筑结构形式，A 代表第一个结构单体，a 代表门廊，B 代表第二个结构单体，C 代表第三个结构单体。

（一）建造逻辑

建筑实体由结构构件及围护构件组成，首先，分析建筑的结构形式，"先汉后藏"的类型中所有殿堂建筑的结构单体全部为汉式，只有席力图召古佛殿的门廊是藏式的，形成了"前藏后汉"的融合方式。除此之外，准格尔召结构单体形式完全采用汉式做法，却努力营造出藏式建筑的空间特征，体现在两个方面：首先，结构单体 A 的一层把卷棚顶尽量做成平顶，模仿藏式可上人的平屋顶样式，形成一层藏式、二层汉式的结合方式，形成了"上汉下藏"的融合方式（图 5-1-7）；结构单体 B 开间进深一致，营造出均质的空间特征。其次，分析围护构件，美岱召、大召大雄宝殿以及席力图召古佛殿经堂的墙体采用藏式檐墙的形式，并配以边玛墙、星星木等装饰手法，营造出藏式风格（图 5-1-8），形成了"上汉下藏"的融合方式。

（二）使用逻辑

从使用逻辑的角度分析，本节研究的三座殿堂建筑都通过改变墙体的位置，对原有的空间进行了重新组织，形成典型的格鲁派"三段式"的平面形式——"门廊—经堂—佛殿"。只有准格尔召将明时"四殿围合式"和格鲁派"三段式"的布局方式相融合，形成"门廊—经堂—院落—佛殿"的布局方式（图 5-1-9）。

汉式

藏式

一层外观看似平顶，内部结构形式实为卷棚顶

图 5-1-7　准格尔召前殿汉藏结合的方式

（a）美岱召大雄宝殿边玛墙　　　　　（b）大召大雄宝殿边玛墙及星星木　　　　（c）席力图召古佛殿边玛墙及星星木

图 5-1-8　汉藏结合风格的外围护墙体

通过以上分析，汉藏结合的设计原则可总结为以下四点：

1. 早期汉藏结合的设计方法是一层围护墙体为藏式风格，二层遵从结构形式，仍为汉式，歇山顶，木槛墙，栅格窗，形成"上 H 下 Z"的交融模式；

2. 汉藏结合式经殿建筑的结构元素逐渐出现藏式，最先出现的是藏式门廊，形成"前 Z 后 H"的交融模式；

3. 在空间组织上，基本遵循格鲁派"三段式"的建筑形制，偶有经堂与佛殿分设的案例，形成"四殿围合"与"三段式"的交融模式；

4. 后期汉藏融合的设计方法不只停留在装饰构件、建筑语汇层面，而是把藏式的空间特征融入前殿、经堂的建筑形制中，形成"融置"的交融模式，是能工巧匠的智慧结晶，也是藏传佛教建筑本土化的一大进步。

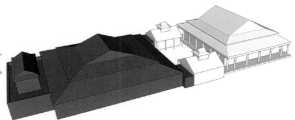

（a）汉式中的四殿围合式　　　　　　　　　　（b）汉藏结合的空间组织形式

图 5-1-9　准格尔召空间组织

第二节   "汉藏共置"的融合模式

一、"以汉为主"模式的建构与表现

"汉藏融置，以汉为主"主要指结构主体以汉式结构形式为主的殿堂建筑，这一类型的案例最多，共有 11 座经殿建筑，研究案例中占比 59%。

单体结构形式

表 5-2-1

召庙	经殿建筑	结构单体 A		结构单体 B		结构单体 C		类型
		开间 × 进深	副阶周匝	开间 × 进深	副阶周匝	开间 × 进深	副阶周匝	
大召	乃琼庙	3×2	无	3×2	有	3×2	有	A+[B]+[C]
	菩萨殿	3×2	无	3×3	有	3×3	有	A+[B]+[C]
	玉佛殿			3×3	半	3×3	有	B]+[C]
	庇佑殿			3×2	半	3×3	无	B+C
	大乐殿			3×2	半	3×3	无	B+C
白塔寺	大雄宝殿	3×2	无	1×1	有	3×3	有	A+B+[C]
乌素图召—庆缘寺	大雄宝殿	3×2	无	5×3	有	5×5	有	A+[B]+[C]
乌素图召—法禧寺	大雄宝殿			3×3	半	3×3	无	B]+C
乃莫齐召	大雄宝殿	3×2	无	3×3	有	3×3	有	A+[B]+[C]
点布斯格庙	大雄宝殿	3×2	无	3×3	有	3×3	无	A+[B]+C
五塔寺	经堂	1×1	无	1×1	有	3×3	有	a+[B]+[C]

结构形式的原型及衍生

原型结构公式 ⤑ 衍生结构公式

原型结构公式   A+[B]+[C] →
[A]+[B]+[C]
A+B+[C]
a+B+[C]

衍生结构公式   B]+[C] →
B]+C
B+C

注：A 代表第一个结构单体，a 代表门廊，B 代表第二个结构单体，C 代表第三个结构单体，[ ] 代表副阶周匝。

通过以上统计分析（表5-2-1），并用公式表达结构形式，以结构单体的数量为依据，可归纳为两大类，第一类殿堂建筑由三个结构单体组合而成，原型公式为"A+[B]+[C]"，共有案例7个；另一类由两个结构单体组合而成，原型公式为"B]+C"，共有案例4个。

（一）"A+[B]+[C]"结构形式分析

第一类由三个结构单体组合而成，原型结构公式为"A+[B]+[C]"，符合此结构公式的殿堂建筑共有4例，由它衍生出另外两种形式，分别为"[A]+[B]+[C]""A+[B]+C"（图5-2-1），各有1例。

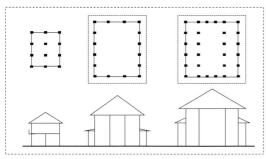 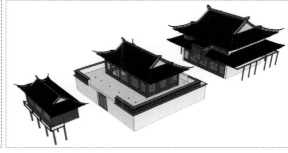

（a）平面、剖面示意分析图　　　　（b）形体拆解图

图5-2-1　乌素图召庆缘寺大雄宝殿分析图

结构公式"A+[B]+[C]"的典型案例是乌素图召庆缘寺大雄宝殿，大殿采用抬梁式结构，由三个结构独立的单体相接形成纵深三殿，构成一个整体，气势豪壮。结构单体A为二层高的木构阁楼建筑，上下层之间设平坐，歇山顶，两层均三开间、二进深，平面为单槽。结构单体B的主体两层通高，歇山顶，设副阶周匝，一层高；主屋五开间、三进深，共用檐柱14根，两排金柱全部减掉，没有内柱。结构单体C虽一层高，却高过经堂，殿外设副阶周匝，形成重檐歇山顶，主屋五开间、五进深，减掉8根内金柱，平面形式为双槽。

在乌素图召的基础上，点布斯格庙的大雄宝殿则取消了佛殿的副阶周匝（图5-2-2a），结构组合形式的公式为"A+[B]+C"。点布斯格庙的结构单体A形制与乌素图召庆缘寺大雄宝殿一致，结构单体B、C俱三开间、三进深，结构单体B设有副阶周匝，形成殿挟屋的形式，不同之处在于结构单体C取消副阶周匝，保留重檐歇山顶（图5-2-2b）。

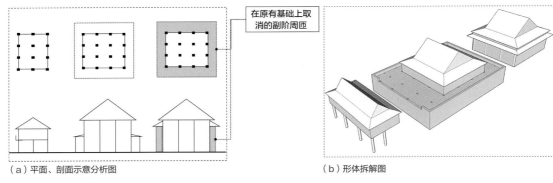

（a）平面、剖面示意分析图　　　　　　　　　　（b）形体拆解图

图 5-2-2　点布斯格庙大雄宝殿分析图

（二）"B]+[C]"结构形式分析

"纵向两殿"由 2 个单体组合而成，基本结构公式是"B]+[C]"，此类型案例有 1 个，在演化过程中，佛殿转经廊消失，衍生出新的结构形式，结构公式为"B]+C"和"B+C"。

"B]+[C]"结构公式的典型案例是大召东院的玉佛殿，结构单体 B、C 的主屋二层通高，三开间、三进深，设副阶周匝，一层高。结构单体 B 将原有的副阶周匝取消前两进深，剩下一半，整体平面形成"凸"字形，外墙退至主屋金柱，与二层底面形成半围合的空间，作为入口门廊（图 5-2-3）。

乌素图召法禧寺大雄宝殿比较有特点，结构形式的变异已经非常复杂。结构公式是"B]+[C]"，整体建筑是由两座两层高的木构阁楼式建筑前后相连而成的。结构单体 B 主屋两层高，在二层檐柱上再加建墙体，外观看似藏式平屋顶，内部实为歇山顶；结构单体 B 三开间、三进深，设副阶周匝，一层高，形成殿挟屋的形式；一层南侧墙体退至金柱，作为入口门廊；二层面阔、进深三间，平面为双槽，呈正方形。结构单体 C 无副阶周匝，外观二层重檐攒尖顶；一层面阔、进深俱三间，平面为双槽，呈正方形，中心间二层通高；二层

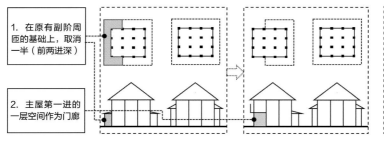

1. 在原有副阶周匝的基础上，取消一半（前两进深）

2. 主屋第一进的一层空间作为门廊

图 5-2-3　大召玉佛殿结构形式分析图

梁上架柱，建面阔、进深同样为三间的小殿一间，二层屋顶平台呈环绕型廊道（图5-2-4）。

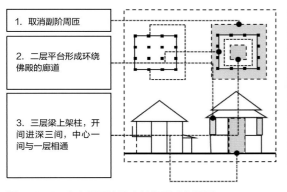
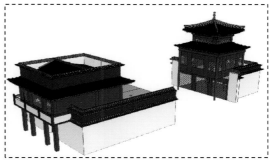

1. 取消副阶周匝

2. 二层平台形成环绕佛殿的廊道

3. 三层梁上架柱，开间进深三间，中心一间与一层相通

图5-2-4　乌素图召法禧寺结构形式分析图

（三）单体接合方式分析

通过以上统计（表5-2-2），"汉藏融置，以汉为主"类型中结构单体的连接主要采用共设柱的方式，即结构单体相连部分共用一排柱列，如前殿后排檐柱与经堂前排廊柱共用，经堂后排廊柱与佛殿前排廊柱共用，其中有9座殿堂建筑结构单体之间都采用这种形式形成一座完整的殿堂建筑，结构单体组合公式为"AIBIC"/"BIC"。白塔寺、乃莫其召、乌素图召法禧寺大雄宝殿的结构单体组合公式为"AIB□C"/"B□C"，三座经殿建筑空间组织不同，法禧寺结构单体B、C之间虽留有一定空间，仍然形成一个整体；白塔寺以及乃莫齐召大雄宝殿结构单体B、C之间的空间比较大，形成经堂与佛殿分设的形式。

结构单体的组合方式　　　　　　　　　　　表5-2-2

序号	召庙	建筑	结构单体数量	前殿与经堂之间的连接方式	经堂与佛殿之间的连接方式
1	大召	乃琼庙	3	I	I
2		菩萨殿	3	I	I
3		玉佛殿	2		I
4		庇佑殿	2		I

序号	召庙	建筑	结构单体数量	前殿与经堂之间的连接方式	经堂与佛殿之间的连接方式
5	大召	大乐殿	2		I
6	百灵庙	大雄宝殿	3	I	I
7	白塔寺	大雄宝殿	3	I	
8	乌素图召—庆缘寺	大雄宝殿	3	I	I
9	乌素图召—法禧寺	大雄宝殿	2		□
10	乃莫齐召	大雄宝殿	3	I	□
11	点布斯格庙	大雄宝殿	3	I	I
12	五塔寺	经堂	3	I	I

```
                                    ┌→ A I B □ C ──→ 三个结构单体形成一座整体
                      ┌→ □ ────────┼→ a I B □ C     经堂、佛殿分设
组合方式 ─────────────┤             └→ B □ C
                      └→ I ────────┬→ A I B I C
                                    └→ B I C
```

注：I 代表共设柱，□ 代表留有一定空间。

二、"以汉为主"模式的空间组织

小召活佛托音二世掀起第二次格鲁派寺院建寺高潮之后，"三段式"的平面形制被推广，大多规模宏大寺院的大雄宝殿都符合此形制。

（一）门廊

门廊是信徒进入经堂之前的准备空间，"三段式"的整体空间序列采用先抑后扬的手法，所以门廊空间层高较低，半围合空间。本节研究案例中有 8 座殿堂建筑采用结构单体 A 或 B 一层的第一进（A_1、B_1）作为入口空间。一个院落中只设有一座大雄宝殿，当一座寺院由几个院落组成时，其他殿堂建筑的形制要低于主院的大雄宝殿，例如大召庇佑殿、大乐殿的规模远远小于大雄宝

殿，形制亦低于大雄宝殿；乌素图召法禧寺规模也小于庆缘寺。此种情况下，减掉结构单体 A，由纵向两殿的组合方式营造出"三段式"的殿堂建筑，以乌素图召法禧寺为例，结构单体 B 的外墙退至金柱，结构单体 B 的第一进作为门廊，而经堂则从金柱开始。其余 4 个案例中，有 2 座殿堂建筑的入口空间是独立的结构单体 A，还有 2 座是门廊 a。

（二）经堂

以"建造逻辑与使用逻辑是否有矛盾"为依据（图 5-2-5），经堂的空间组织有两种类型，结构公式分别为"A_2+[B]+["与"[B]"。汉藏建筑分别有自己独特的形态和空间特征，而且各成体系。内蒙古早期格鲁派殿堂建筑的外观是汉式建筑形态，而空间组织却需要迎合"三段式"，于是建造逻辑与使用逻辑出现矛盾。前期匠人通过改变围护墙体的位置以重新调整空间组织的方式去解决问题；后期匠人已经熟练掌握汉藏两种营造体系，创造出"形是汉，神似藏"的建筑艺术作品。

图 5-2-5　经堂的空间组织类型

本节研究的案例空间格鲁派的经堂是僧众聚集听经诵经的场所，需要较大的空间，且平面近似正方形，所以能工巧匠通过改变围护墙体的位置，突破结构单体 A、B、C 的空间限定，以扩大经堂的使用面积，如表 5-2-3 所示。本节研究的案例中有 5 座殿堂建筑的经堂由三部分组成——结构单体 A 一层的后半部分"A_2"、结构单体 B、结构单体 C 的副阶周匝的第一进"["，用公式表达经堂的空间限定范围，即"A_2+[B]+["，以乌素图召庆缘寺为例，结构单体 B 南侧墙体推至结构单体 A 的金柱，北侧墙体推至结构单体 C 的檐柱，东西两侧围合副阶周匝，形成七（[+5+]）开间、七（1+[+3+]+1）进深，平面近似正方形的经堂空间。在"A_2+[B]+["的基础上，经堂衍生出新的空间组织形式，即"A_2+[B]"，一是因为后期佛殿转经廊逐渐消失，点布斯格庙当属此种类型；二是因为经堂与佛殿分设，白塔寺当属此种类型。

清中后期，其一清政府国力逐渐衰弱，国家财政不能支持耗资巨大的寺院建设工程，大雄宝殿的规模有所收敛；其二能工巧匠已经熟练掌握汉藏两种营

寺院	殿堂建筑	空间再组织				开间（m）×进深（m）			
		门廊	经堂	佛殿	副阶周匝	门廊	经堂		佛殿
大召	乃琼庙	A₁	A₂+[B]+[	C	有	3×1	5×[1+□+4+1]	5×7	3×2
	菩萨殿	A₁	A₂+[B]+[	C	有	3×1	5×[1+4+1]	5×6	3×3
	玉佛殿	B₁	B₂]+C		有	3×1	3×2]+1	5×5	3×2
	庇佑殿	B₁	B₂]	C	无	3×1	3×2]-1	3×5	3×3
	大乐殿	B₁	B₂]	C	无	3×1	3×2]-1	3×5	3×3
乌素图召—庆缘寺	大雄宝殿	A₁	A₂+[B]+[	C	有	3×1	1+[5×3]+1	7×7	5×5
乌素图召—法禧寺	大雄宝殿	B₁	B₂]	C	无	3×1	3×2]	3×3	3×3
乃莫齐召	大雄宝殿	A₁	A₂+[B]+[	C	有	3×1	1+[3×3]+1	5×7	3×3
白塔寺	大雄宝殿	A₁	A₂+B]	C	有	3×1	[1×1]	3×3	3×3
五塔寺	经堂	a	[B]	C	有	1×1	[1×1]	3×3	3×1
包头召	大雄宝殿	A	[[B]]+[	C	无	3×1	[[3×3]]+7×1	7×8	5×1
点布斯格庙	大雄宝殿	A₁	A₂+[B]	C	无	3×1	[3×3]	5×5	3×3

注：A 代表第一个结构单体，a 代表门廊，B 代表第二个结构单体，C 代表第三个结构单体，[ ] 代表副阶周匝。

造体系，所以建造逻辑和使用逻辑不同的矛盾逐渐解决，改善了殿堂建筑"表里不一"的状况，结构单体 B 与经堂空间相对应，符合此类型的有 6 座殿堂建筑，以包头召大雄宝殿为例，结构单体 B 即经堂，七开间、七进深。

（三）佛殿

本节研究的案例中，佛殿全部对应结构单体 C。早期所建佛殿一般平面为正方形，且设有副阶周匝作为转经廊，本节研究的案例有 9 座经堂建筑属于此类型；后期所建佛殿一般平面为矩形，二进深，一进深为礼佛空间，另一进深设置佛像，且取消转经廊。本节研究的案例有三座经堂建筑属于此类型，分别为大召的乃琼庙、玉佛殿、点布斯格庙。

通过梳理"三段式"各部分的空间组织，门廊、经堂、佛殿所对应的空间组织都在发生变化（图 5-2-6a），门廊有两种形式，以结构单体一层第一进的空间，即 A₁/B₁ 作为门廊，或者以独立的结构，即 A/a 作为门廊；经堂有三种形式，整体建筑中除去门廊、佛殿的剩余空间全部为经堂，规模较小的殿堂建筑仅有结构单体 B 的后半部分，或者是完整的结构单体 B；佛殿空间也有两种形式，有转经廊和没有转经廊。殿堂建筑的空间组织并不是单纯地模仿大召模式，空间再组织的方式呈现出动态的演变过程（图 5-2-6b）：

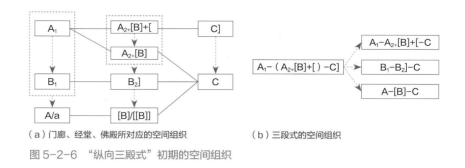

（a）门廊、经堂、佛殿所对应的空间组织　　（b）三段式的空间组织

图 5-2-6　"纵向三殿式"初期的空间组织

"纵向三殿式"形成期和衍生期的设计理念总结如下：

1．建造逻辑和使用逻辑不同的矛盾逐渐解决，改善了殿堂建筑"表里不一"的状况，出现了结构单体 A/B 与门廊／经堂空间一一对应的案例；

2．佛殿的转经廊逐渐消失，佛殿的平面形式从正方形向矩形逐渐演化；

3．"三段式"不再拘泥于纵向三殿，只要空间上满足"门廊—经堂—佛殿"的空间组织，为了建筑等级低于主殿，其他殿堂可采用纵向两殿。

很多殿堂建筑损毁多年，近十几年才重建，如大召菩萨殿、大召玉佛殿、席力图召长寿寺、五塔寺经堂，其空间组织已经发生改变，脱离了历史上的演变方向。

三、"以藏为主"模式的建构与表现

"汉藏融置，以藏为主"主要指殿堂建筑的结构形式以藏式为主，兼有汉式结构形式，或者汉式元素只以装饰性的角色出现。此类型的经殿建筑建造于康乾盛世，或者成型于此时期，这一类型的殿堂建筑，因以藏式建筑为主体，建造逻辑与使用逻辑不存在不协调。

（一）席力图召经堂

席力图召经堂与佛殿原属分设形式，席力图召大雄宝殿经堂的结构形式为藏式，只有三座起装饰作用的顶汉式歇山顶，源于中国传统古建筑。如一层平面图所示（图 5-2-7），门廊七开间、一进深，经堂九开间、九进深，柱距均

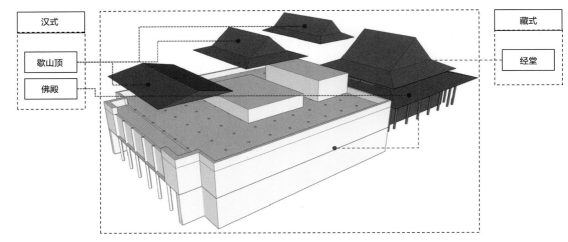

图 5-2-7　席力图召大雄宝殿汉藏融置分析图

等，中间五开间、三进深，二层通高；二层平面，纵深方向的第一个房间五开间、三进深；二层平面上垂拔的外围加建一圈柱廊，最后两进深的次间设一楼梯通往三层，三层只有三开间、二进深的小屋。如屋顶平面图、剖面图所示，纵向方向上的第一个屋顶为硬山顶，高度最低，坡度较缓，覆盖的房间五开间、二进深；第二个屋顶为歇山顶，规模最大，覆盖的房间五开间、三进深，正心间设藻井；第三个屋顶为歇山顶，覆盖的房间为三开间、二进深。

席力图召大雄宝殿的佛殿的初建年不详，现有的大雄宝殿几近遵照原状重建，于 2006 年完工，结构形式完全属于汉式，五开间、五进深，设副阶周匝，重檐歇山顶。据文献记载，原有佛殿与经堂是分别设置，现有佛殿则是通过一条通道与经堂连接。

（二）梅力更召

梅力更召大雄宝殿的结构形式为藏式，由前经堂后佛殿两部分组成，两殿分期建设，先建有经堂，佛殿两次失火，后重建于此（图 5-2-8）。

经堂一层平面如图所示（图 5-2-9a），门廊五开间、一进深，经堂七开间、五进深，中间三开间、三进深两层通高，上设歇山顶。二层平面如图 5-2-9b 所示，整体呈"凸"字形，在稍间、尽间中心各加建一排柱，房间后墙两隅设两个小门，直通室外楼梯。佛殿本身就是三段式布局，一层平面：门廊三开间、一进深；大殿五开间、三进深，大殿第二进深的明间以及第三进深的中间三间两层通高；最后一进深设置一座三层高的巨型佛像，三层通高；二

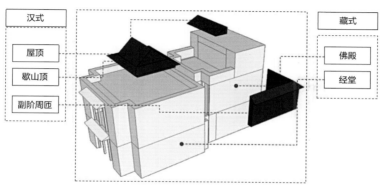

图 5-2-8　梅力更召大雄宝殿汉藏融合分析图

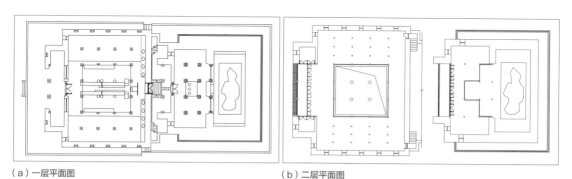

（a）一层平面图　　　　　　　　　　　（b）二层平面图

图 5-2-9　梅力更召大雄宝殿平面图

层平面与一层相似，还分为三部分；三层分为两部分，前面是可上人的屋顶平台，后半部分是佛殿上空。梅力更召的佛殿建筑十分具有特色，佛殿歇山顶只有一半，主要作为装饰性元素附加于主体结构上；除此之外，从外观观察，佛殿采用了汉式殿挟屋式的副阶周匝，而从内部测绘，这部分为厚厚的实墙，笔者推测因为设置巨型佛像的空间规模非常大，层高有三层之高，面宽 15 米左右、进深 6 米多，而中间并未加柱，所以一层墙体宽至 3 米，以营建如此宏大的佛殿空间。

四、"汉藏共置"模式的规则与理念

从结构形式的角度分析汉藏的融合方式（表 5-2-4），"汉藏融置，以汉为主"的类型中，绝大部分的结构形式依然以汉式为主，个别经殿建筑中出现了藏式结构形式的门廊。

结构形式的汉藏风格分析　　　　　　　　表 5-2-4

序号	召庙	经殿建筑	结构单体	前殿/廊	经堂	佛殿	结构形式组合
1	大召	乃琼庙	3	汉式	汉式	汉式	HA+HB+HC
2		菩萨殿	3	汉式	汉式	汉式	HA+HB+HC
3		玉佛殿	2	汉式	汉式	汉式	HB+HC
4		庇佑殿	2	汉式	汉式	汉式	HB+HC
5		大乐殿	2	汉式	汉式	汉式	HB+HC
6	席力图召	长寿殿	2	藏式	汉式	汉式	Za+HB+HC
7	乌素图召庆缘寺	大雄宝殿	3	汉式	汉式	汉式	HA+HB+HC
8	白塔寺	大雄宝殿	3	汉式	汉式	汉式	HA+HB+HC
9	乌素图召法禧寺	大雄宝殿	2	汉式	汉式	汉式	HB+HC
10	乃莫齐召	大雄宝殿	3	汉式	汉式	汉式	HA+HB+HC
11	点布斯格召	大雄宝殿	3	汉式	汉式	汉式	HA+HB+HC
12	包头召	大雄宝殿	3	藏式	汉式	汉式	Za+HB+HC
13	五塔寺	经堂	2	藏式	汉式	汉式	Za+HB+HC

注：H 代表汉式建筑结构形式，Z 代表藏式建筑结构形式，A 代表第一个结构单体，a 代表门廊，B 代表第二个结构单体，C 代表第三个结构单体。

席力图召长寿寺与古佛殿的门廊形式一致，三开间、一进深，一层高，藏式门廊。五塔寺大经堂的门廊采用同样形式，规模较小，一间大，一层高。包头召大雄宝殿的门廊也采用藏式，三开间、一进深，二层高。此外，在围护构件上，这一类型的经堂墙体多采用藏式檐墙，延续了"上 H 下 Z"的结合模式。从使用逻辑上分析，本节的案例中仅有一例，即乃莫其召是将明时"四殿围合式"和格鲁派"三段式"的布局方式相融合，形成"门廊—经堂—院落—佛殿"的布局方式。通过以上两方面的分析，在"汉藏融置，以汉为主"交融模式与"先汉后藏"交融模式的案例中，汉藏融合的设计方法是一致的（图 5-2-10）。

（a）席力图召长寿寺　　　　（b）五塔寺大经堂　　　　　　　（c）包头召大雄宝殿

图 5-2-10 "汉藏融置，以汉为主"类型中的藏式元素

通过对"汉藏融置，以藏为主"的经殿建筑的分析，此类型汉藏融置的方式虽然各不相同，但主要的特点是以藏式结构为主体结构，门廊或者佛殿会使用汉式结构形式。其他部分中，汉式主要以具有代表性的、装饰性的元素（屋顶、副阶周匝）呈现，作为附属部分，最多被使用的汉式构件是屋顶，主要以歇山顶为主，汉式的屋顶结构是在西藏平顶的基础上加建歇山顶，主要起到装饰性的作用。

第三节　"汉藏融合"的创新模式

一、"汉藏融合"的建构与表现

（一）百灵庙

　　百灵庙大雄宝殿（图5-3-1）的一层为藏式，二层及屋顶为汉式，呈现了"上H下Z"的融合结构形式（图5-3-2）。前殿为汉式楼阁建筑，三开间、三进深，设副阶周匝；经堂七开间、七进深，采用藏式结构，开间进深尺寸基本一致，未有明间、次间的区分，百灵庙经堂规模远远大于佛殿的面积，相较于传统做法，经堂两侧各增加一排柱；佛殿南侧的副阶周匝作为经堂—佛殿的过渡空间，这样的做法与"大召范式"有所出入，但是结构单体与空间组织单元相对应。佛殿三开间、三进深，维持了"萨迦派遗留式"的做法（图5-3-3～图5-3-7）。

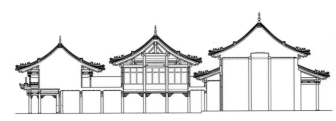

（a）百灵庙大雄宝殿剖面图

（b）百灵庙大雄宝殿鸟瞰

图5-3-1　百灵庙汉藏融置的表现形式

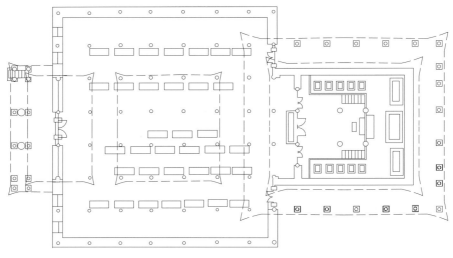

图 5-3-2　百灵庙一层平面图

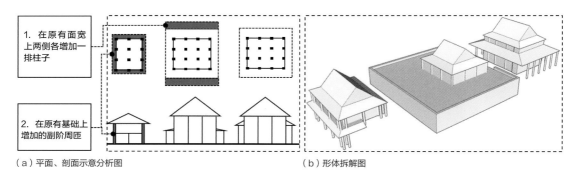

1. 在原有面宽上两侧各增加一排柱子

2. 在原有基础上增加的副阶周匝

（a）平面、剖面示意分析图　　　（b）形体拆解图

图 5-3-3　百灵庙大雄宝殿分析图

图 5-3-4　百灵庙大雄宝殿正立面

图 5-3-5　百灵庙前殿门廊 [1]

图 5-3-6　百灵庙大雄宝殿室内 [2]

---

① 百灵庙前殿重檐歇山顶，规制较高，且入口处有梯，可直接上二层。
② 百灵庙大雄宝殿室内，金厢斗底槽的外圈作为交通空间，无转经筒的设置，强调使用而非象征。

（二）普会寺大雄宝殿

希拉穆仁召普会寺大雄宝殿结构主体为藏式，经堂部分的二层及屋顶为汉式，真正做到了汉藏建造的融合。除此之外，汉式建筑元素主要是附属部分，如前殿、佛殿的歇山顶以及副阶周匝（图5-3-8）。前殿为

图 5-3-7　百灵庙大雄宝殿斜后方 [①]

汉式楼阁式建筑，三开间、三进深，平面呈矩形，一层架空，二层减掉两排金柱，围护构件为木槛墙、木格门，外设平坐，歇山顶（图5-3-9b）。大雄宝殿的主体结构为藏式，一层平面如图所示（图5-3-9a），前殿一层架空部分作为门廊；经堂五开间、五进深，中间三开间、三进深、二层通高，最后一进深加建4根柱子，营造经堂与佛殿的过渡空间；佛殿五开间、二进深，二层通高。三层只有佛殿后侧上方建造一排僧房，五开间、二进深，中间三开间架歇山顶（图5-3-9c）。调研中，陈住持曾介绍此僧房是供原住持密修的僧房，老人多年未出（图5-3-10~图5-3-20）。

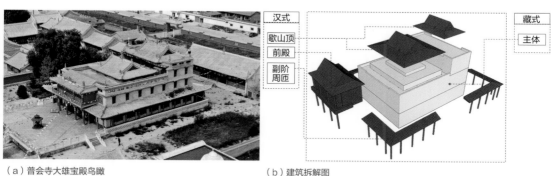

（a）普会寺大雄宝殿鸟瞰　　　　　　　　　　　（b）建筑拆解图

图 5-3-8　希拉穆仁召普会寺大雄宝殿汉藏融置分析图

---

① 从百灵庙斜后方可看出经堂比佛殿的面宽还要多两开间，从功能布局角度分析，可见经堂是建筑最重要的空间。

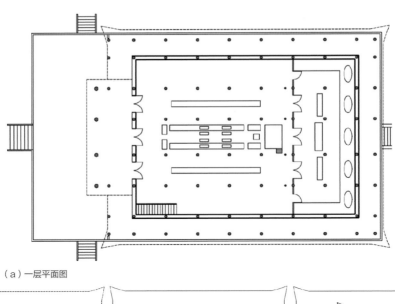

（a）一层平面图

（b）二层平面图　　　　　　（c）三层平面图　　　　　　（d）屋顶平面图

图 5-3-9　希拉穆仁召普会寺大雄宝殿平面图

图 5-3-10　普会寺大雄宝殿

图 5-3-11　普会寺大雄宝殿正立面

图 5-3-12　普会寺大雄宝殿背立面

图 5-3-13　普会寺大雄宝殿转经廊

图 5-3-14　普会寺大雄宝殿室内一层

图 5-3-15　普会寺大雄宝殿室内垂拔

图 5-3-16　普会寺大雄宝
殿室内勾搭 1[①]

图 5-3-17　普会寺大雄宝
殿室内勾搭 2

图 5-3-18　普会寺大雄宝殿室内勾搭 3

---

① 纵向三殿式屋顶组合有很多种形式，普会寺屋顶形式比较独特，从二层室内可看到屋顶勾连搭的做法。

图 5-3-19　普会寺大雄宝殿室内勾搭 4

图 5-3-20　普会寺大雄宝殿前殿二层室内

二、"汉藏融合"的规则与理念

"纵向三殿式"成熟期经殿建筑的特点是已经实现汉藏建筑结构的融合，一般表现为一层为藏式结构，二层及屋顶为汉式结构；或者在藏式主体结构的局部上覆盖汉式歇山顶，并且此时期已经考虑到屋顶的起翘、比例、形态，这是成熟期汉藏融合方式建筑形制的特征。这类经殿建筑各有特色，它们的建造过程都得到了清廷的大力支持，一般由蒙古统治阶级主持建造。"纵向三殿式"的建筑形制成熟时国力衰弱，藏传佛教的建造活动在蒙古地区的发展已经成为强弩之末，所以这种形制并未成为"范式"，反而是第二次建寺高潮所扩建的大召，成为一种范式并衍生出多种形制。

纵观"纵向三殿式"的发展过程，从"建构"角度进行对比，初期、形成期、衍生期的结构形式组合公式是同一类型，都以大召模式的殿堂建筑"A+[B]+[C]"为范式，进而进行衍生，变化主要表现在两方面：1）结构单体有无副阶周匝；2）建筑的平面形式。据统计，大召大雄宝殿经堂平面形式为双槽，佛殿为金厢斗底槽，佛殿平面形式等级高于经堂，这是初期特征，规模较大的经殿建筑组合形式为"S+F/J"①，规模较小的以"D+S"为主；后期在使用功能上，经堂重要性逐渐突出，在象征意义上，佛殿的地位高于经堂（佛殿代表无色界，经堂代表色界），为了平衡两方面，两殿的平面形式一致，而且以"S+S"的组合形式为主。第一种组合形式共 10 座经殿建筑，第二种组合形式有 10 座，基本平分秋色。从结构单体的接合方式分析，在原有佛殿基础上扩建的，后建与原有的结构单体之间一般都留有一定的空间，甚至有的经

---

① 　D 代表单槽；S 代表双槽；F 代表分心槽；J 代表金厢斗底槽。

殿建筑经堂与佛殿之间留有院落；同期建筑都采用共设柱的形式解决两个结构单体接合的问题。

成熟期的结构形式以藏式为主，尤其是核心的经堂部分，起初是在原有佛殿之前加建了藏式的经堂，后期全部以藏式结构为主，汉式元素主要充当装饰性的角色。

第四节　新建的汉藏结合式殿堂建筑

近年来，相较于其他召庙，大召得到了较好的保护，又因其自明末以来的重要地位以及影响力，"纵向三殿"成为内蒙古地区召庙的官式建筑，在重建、新建中成为范式，本书以重建及新建案例分别说明。

五塔寺[①]位于呼和浩特玉泉区五塔寺前街，大召东侧。据文献记载，寺院原有三重院落，每个院子有三座佛殿，一座正殿及两座偏殿[71]，整体布局为院落式。据笔者多年实地调研，2007 年之前只遗留一座塔，直到 2010 年恢复三进院落，但现院内殿堂建筑的布局与文献记载有较大出入，最后两进院落之间纵跨一座汉藏结合式的殿堂建筑，笔者推测由于地理位置离大召近，重建时为突出大经堂的地位，采用了恢宏的"纵向三殿式"（图 5-4-1a）。

20 世纪末大召展开修缮工作。据笔者多年实地调研，2005 年大召只遗留了中院、西院；2007 年 5 月拆掉了周围民居，形成一个完整的街区，接着重建了东路院落，包括山门、菩提殿、弥勒殿；2009 年建成了公中仓、大乐殿、庇佑殿。据实地调查研究，原址并未有大乐殿和庇佑殿，这两座建筑是新建建筑；内蒙古地区的藏传佛教召庙中一般只有主殿采用汉藏结合式，位于院落中心，其他建筑一般为中国传统建筑，多采用硬山顶。因此，推断院落北边的庇佑殿、大乐殿是 2009 年的新建建筑，而为了规模、等级低于大雄宝殿，采用了纵向两殿的形式，是"纵向三殿式"的变型（图 5-4-1b）。

掌握了汉藏结合式的初期是"先汉后藏"的交融模式，就可以以此建造逻辑分析五塔寺大经堂以及大召大乐殿、庇佑殿（表 5-4-1）。五塔寺结构公式

---

① 清雍正五年（1727 年）初建，五年后（1733 年）赐名"慈灯寺"，由小召喇嘛察尔济主持建造。

（a）五塔寺大经堂

（b）大召中院大乐殿

图 5-4-1　五塔寺大经堂、大召大乐殿

五塔寺大经堂、大召大乐殿、庇佑殿的单体结构分析　　　　　表 5-4-1

召庙	经殿建筑	结构单体 A		结构单体 B		结构单体 C		类型
		开间 × 进深	副阶周匝	开间 × 进深	副阶周匝	开间 × 进深	副阶周匝	
五塔寺	大经堂	1×1	无	1×1	有	3×3	有	a+[B]+[C]
大召	庇佑殿	—	—	3×2	半	3×3	无	B+C
	大乐殿	—	—	3×2	半	3×3	无	B+C

　　为"a+[B]+[C]"，即门廊采用藏式；经堂是汉藏结合的做法，一层为藏式，"都纲法式"覆以歇山顶，从建筑形式可知，此时期已经熟练掌握汉藏结合的建造技法；佛殿采用重檐歇山顶。大乐殿和庇佑殿形制一模一样，由两座抬梁式建筑组合而成，结构公式为"B+C"，通过重新布局空间区域在一层平面上营建了"门廊—经堂—佛殿"的空间序列。首先，将建筑外墙移至前金柱，利用二层底面与檐柱围合的空间，作为门廊；其次，外墙从前殿前金柱起，后至后殿前金柱，左右两侧把前殿副阶周匝纳入大殿空间中，形成经堂空间；最后，佛堂自后殿金柱起，三开间、两进深，一进为礼佛空间，另一进为设置佛像的神性空间。

本章小结

本章以建造逻辑和使用逻辑为研究出发点，分别论述了三个阶段的建构与表现、设计规则与理念，旨在解析范式"纵向三殿式"及其衍生的建筑形制，得总结汉藏融合的设计思路。通过纵向对比，得出以下结论：

1. 汉藏建筑各成系统，初期的汉藏融置，建造逻辑和使用逻辑不同，随着融合方式的演化，同时也是解决建造逻辑和使用逻辑之间矛盾的过程；

2. 以大召大雄宝殿为伊始，汉藏建筑元素逐步融合，"纵向三殿式"从初期到形成期再到成熟期，这个演变过程是两种建筑文化深度融合的过程；

3. "上汉下藏"是汉藏融合最常见的一种设计思路，即使用汉式建筑的屋顶与藏式的檐墙相结合，这种设计手法与藏传佛教同期出现在西藏地区，乌策大殿、大昭寺的殿堂建筑都有使用。

第六章

汉藏结合式经殿建筑屋顶组合形式解析

图 6-0-1　席力图召中院

北宋著名匠师喻皓在其著作《木经》曾说"凡屋有三分，自梁以上为上分，地以上为中分，阶为下"[83]，"上分"指的就是屋顶，在立面构成中象征"天"，为了迎合不同的功能需要、高低等级、审美情趣，又有变形及重檐的做法。内蒙古地区的经殿建筑分别使用了卷棚、硬山、歇山、攒尖、重檐歇山、重檐攒尖、重檐歇山三滴水以及藏式平顶的组合做法（表6-0-1），营造出纵向三殿的辉煌气势，是经殿建筑艺术特征的重要表现部分。多样的建筑形态是表象，需要层层深入，剖析内在生成机制（图6-0-1）。

不同类型的屋顶组合形式　　　　　　　　　　　　　　　　表 6-0-1

经殿建筑	大召大雄宝殿	美岱召大雄宝殿
剖面图		
屋顶形式	歇山顶—重檐歇山顶 ① —重檐歇山顶	歇山顶—重檐歇山顶—重檐歇山三滴水

---

① 　大召大雄宝殿以及美岱召大雄宝殿的经堂屋顶实则采用重檐歇山顶，然而为了仿造藏式平顶，从外观看，副阶周匝的屋顶被尽量抹平。因为本书主要讨论屋顶形态，而非建构形式，所以后文将这两座建筑的经堂屋顶写作歇山顶。

经殿建筑	梅力更召		乌素图召法禧寺
剖面图	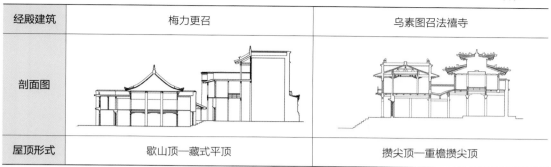		
屋顶形式	歇山顶—藏式平顶		攒尖顶—重檐攒尖顶

（来源：《内蒙古藏传佛教建筑》）

第一节 "纵向三殿式"的屋顶组合形态分析

为了分析屋顶的组合形式的规律，首先用公式表达屋顶的组合形式，以便进行直观分析，其次进行谱系分析，探寻影响因素。具体的研究程序如表6-1-1所示：

1. 屋顶组合形式中，X代表歇山顶，CX代表重檐歇山顶，CXS代表重檐歇山顶三滴水，J代表卷棚顶，Y代表硬山顶，C代表攒尖顶，CC代表重檐攒尖顶，z代表藏式门廊，Z代表藏式平屋顶。

2. 用公式表达屋顶组合形式。

3. 通过公式，进行分类和比较。

4. 分析谱系关系。

"纵向三殿式"屋顶组合分析 　　　　　　　　　　　　　　　表6-1-1

照片							
建筑	大召大雄宝殿		大召乃春庙		大召菩萨殿		大召玉佛殿	
屋顶组合形式	歇山顶	X+X+CX	歇山顶	X+X+CX	歇山顶	X+X+CX	歇山顶	X+CX
	歇山顶		歇山顶		歇山顶		—	
	重檐歇山顶		重檐歇山顶		重檐歇山顶		重檐歇山顶	

照片					
建筑	大召庇佑殿	席力图召大经堂		席力图召古佛殿	席力图召长寿寺
屋顶组合形式	歇山顶 — 歇山顶	X+X	歇山顶 歇山顶 X2 重檐歇山顶	X+X+X+CX	藏式门廊 歇山顶 重檐歇山顶	z+X+CX	藏式门廊 歇山顶 重檐歇山顶	z+X+CX

照片					
建筑	乌素图召庆缘寺	乌素图召法禧寺		乃莫齐召大雄宝殿	五塔寺大经堂
屋顶组合形式	歇山顶 歇山顶 重檐歇山顶	X+X+CX	攒尖顶 — 重檐攒尖顶	C+CX	歇山顶 歇山顶 重檐歇山顶	X+X+CX	藏式门廊 歇山顶 重檐歇山顶	z+X+CX

照片					
建筑	白塔寺大雄宝殿	美岱召大雄宝殿		梅力更召大雄宝殿	百灵庙大雄宝殿
屋顶组合形式	卷棚顶 歇山顶 重檐歇山顶	J+X+CX	歇山顶 歇山顶 重檐歇山三滴水	X+X+CXS	藏式门廊 歇山顶 藏式平顶	z+X+Z	歇山顶 歇山顶 重檐歇山顶	X+X+CX

内蒙古汉藏结合式历史建筑　第六章　汉藏结合式经殿建筑屋顶组合形式解析

照片							
建筑	包头召大雄宝殿	昆都仑召小黄庙		希拉穆仁召大雄宝殿		准格尔召大雄宝殿	
屋顶组合形式	藏式 重檐歇山顶 硬山顶	1/2 歇山顶 藏式平顶 重檐歇山顶	z+CX+Y 1/2X+Z+CX	歇山顶 歇山顶 歇山顶	X+X+X	歇山顶 重檐歇山顶 重檐歇山顶	X+CX+CX
照片							
建筑	准格尔召千佛殿	点布斯格庙					
屋顶组合形式	歇山顶 卷棚顶 硬山顶	X+J+Y	歇山顶 歇山顶 重檐歇山顶	X+X+CX			

注：屋顶组合形式列项中 X 代表歇山顶，CX 代表重檐歇山顶，CXS 代表重檐歇山顶三滴水，J 代表卷棚顶，Y 代表硬山顶，C 代表攒尖顶，CC 代表重檐攒尖顶，z 代表藏式门廊，Z 代表藏式平屋顶。

备注：席力图召大经堂因拍摄角度无法看到屋顶形式，所以采用建模表示。

　　由以上列项统计，本书研究的 23 座经殿建筑中（表 6-1-1）有 14 座完全采用歇山顶以及重檐歇山顶的做法，占比 60.8%。其中，5 座经殿建筑采用藏式建筑做法，4 座经殿建筑采用了卷棚顶、攒尖顶、硬山顶（图 6-1-1、图 6-1-2）。

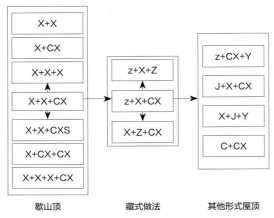

图 6-1-1　屋顶形式类别分析

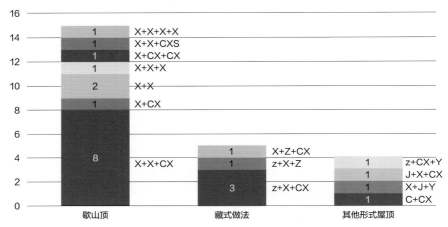

图 6-1-2　屋顶形式数量分析

第二节　"纵向三殿式"的屋顶组合形态的影响机制

　　大召大雄宝殿的屋顶组合形式（X+X+CX）成为一种范式，其他纵向三殿式的屋顶组合形式都以"大召范式"为基础而进行变形，其变形规律是多重职能相互博弈的结果。

一、等级制度的影响

美岱召是现存寺院中建筑形制、屋顶组合等级最高的"纵向三殿式"经殿建筑，原是阿勒坦汗的宫廷，后经多次扩建，形成现在的规模。青海仰华寺会晤之后，阿勒坦汗建造了大召（现位于呼和浩特市），之后其子第二代顺义王建造了席力图召、其曾孙第三代顺义王建造了小召。北元覆灭后，"黄金家族"不再是草原上的统治者，然而阿勒坦汗家族所建造的寺院并没有随之覆灭，而是在新的形式下，拥有了新的生命力，为了得到蒙古势力的支持，康熙帝封大召为"帝庙"[57]。由此可知，明末至清康熙时期内蒙古地区藏传佛教建筑有浓厚的政治色彩，经殿建筑承担了一定的政治职能，因此屋顶组合形式受等级制度观念所支配。

第一类经殿建筑的屋顶组合形式都是以"X+X+CX"为基础，选择不同形式的歇山顶进行组合，在三个方面表现出等级制度对变形规律的影响。

（一）主殿屋顶等级高

首先，藏传佛教寺院一般是曼陀罗式布局，主殿位于中心；汉传佛教寺院由多进院落组成，形成纵向展开的空间序列，在中轴线靠后的位置布置大雄宝殿。内蒙古中部地区的召庙由两种布局方式结合而成，一般只有主殿是汉藏结合式，位于院落中心[10]，其他建筑则不采用抬梁式。以大召主院为例，大雄宝殿位于中轴线上，规模最大，屋顶等级最高；其他附属建筑多为硬山建筑，院落北边的庇佑殿、大乐殿采用了纵向两殿，规模、屋顶等级均小于大雄宝殿（图6-2-1a）。

其次，一座寺院中常有几座院落，但是主院的大殿规模最大。大召总体布局是三座院落并列布置，每个院落中都有一座大雄宝殿，东院的大殿——玉佛殿采用纵向两殿的形式（图6-2-1b），等级低于主院的大雄宝殿；西院的乃春庙虽然采用了与主院大殿相同的屋顶组合形式，但整体规模较小。类似的案例还有乌素图召，乌素图召的主寺是庆缘寺，所以法禧寺也采用了纵向两殿的形式。

（二）主庙屋顶等级高

席力图召是内蒙古地区最具影响力的召庙，拥有多座属庙，普会寺是其中一座。席力图召大经堂和佛殿原来相互独立，大经堂的屋顶组合形式是"X+X+X"，作为属庙的普会寺虽然规模宏大，但是屋顶的组合形式仍是"X+X+X"（图6-2-1c），屋顶等级未有逾矩。

（三）美岱召大雄宝殿屋顶等级最高

美岱召原为阿勒坦汗的汗廷，后经阿勒坦汗孙媳五兰妣吉、托音二世等后人扩建形成今天的规模，因佛殿是明末所建造，保留了"萨迦派遗留式"的建筑形制，所以佛殿的屋顶是歇山顶重檐三滴水（图6-2-1e）。有趣的是后人所建经殿建筑的屋顶形制再未有超过美岱召的，无论是"帝庙"大召，还是后来影响力最大的席力图召，笔者推测原因有二：其一，元朝已灭，"黄金家族"不再是草原上的统治者，然而在百姓心中还有相当的影响力，清朝统治阶级认可百姓对阿勒坦汗的尊崇，后期所建寺院未有逾矩；其二，萨迦派的空间秩序的表达主要在纵向上，以"上、中、下"来隐喻不同的世界[84]，而格鲁派的空间秩序是在水平方向展开，以人的体验为主，所以后期所建造寺庙未在屋顶上下功夫，而是更关注经殿的规模，以便容纳更多的僧人诵经习法。

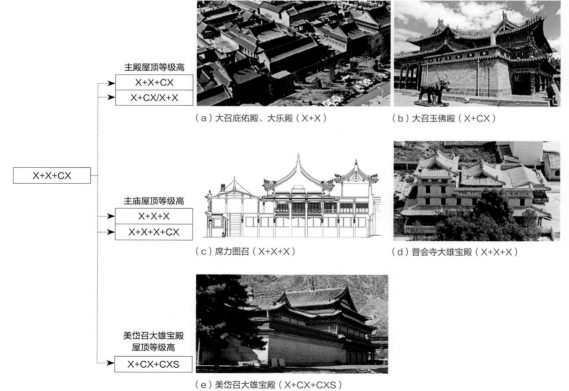

（a）大召庇佑殿、大乐殿（X+X）　　（b）大召玉佛殿（X+CX）

（c）席力图召（X+X+X）　　（d）普会寺大雄宝殿（X+X+X）

（e）美岱召大雄宝殿（X+CX+CXS）

注：X代表歇山顶，CX代表重檐歇山顶，CXS代表重檐歇山顶三滴水，J代表卷棚顶，Y代表硬山顶。

图6-2-1　歇山顶的屋顶组合形式

二、民居及藏式建筑的影响

明崇祯七年（1634年）最后一任顺义王向清朝称臣，次年蒙古王朝彻底灭亡，黄金家族终结了对蒙古草原的统治地位，其他蒙古贵族军事势力拥为金帐汗国，成为清朝的附属国。

当清廷成为蒙藏联盟的主导时，一方面为了分化蒙古的势力，清廷施行了"盟旗制度"；另一方面清廷将藏式建筑文化引入蒙古高原、华北平原等地，促进了多民族建筑文化的融合。在此背景下，时势格局的变化对经殿建筑也产生了一定的影响。

（一）"三殿制度"衰退

"盟旗制度"促使蒙古贵族广建旗庙、王爷庙，虽然以大召大雄宝殿作为范式，但因政治职能衰退，观念上的变化也直接反映在建筑上。原有"纵向三殿式"的第一殿一层架空，整体形象上满足三殿制度，空间组织上满足格鲁派三段式中门廊的功能需求及空间特征。文化的输入，总是强势一方向弱势一方输出，随着藏式建筑文化的传入，宫殿建筑的"三殿制度"被削弱，门廊不再大费周章地建造一座楼阁建筑，而是直接采用藏式门廊做法。

（二）藏式建造技术输入

早期，藏式建筑的建造技艺并未一并传入，此时期建造的经殿建筑结构是抬梁式，然而为了迎合藏式平屋顶的形式，把坡顶改造成平顶。如呼和浩特乌素图召庆缘寺大雄宝殿的屋顶，把副阶周匝的屋顶抹平，做成可上人的屋面（图6-2-2a）；又如准格尔召千佛殿，改变原有屋顶的比例和尺度，将卷棚顶

抹平歇山顶，可上人屋面
（a）乌素图召庆缘寺

拉长卷棚顶，尽量做成平屋顶
（b）准格尔召千佛殿

图6-2-2　屋顶形式处理对比分析图

拉长，尽量做成平屋顶（见图6-2-2b）。

随着清中央廷对建造寺院的大力支持，藏式建筑的建造技艺逐渐传入，真正意义上的藏式平顶也出现了。如包头召的大雄宝殿，其前殿部分则采用了藏式平顶；昆都仑召的小黄庙，经堂部分完全属于藏式建筑的做法；梅力更召前殿及佛殿部分采用了藏式平顶，无独有偶，这三座建筑都位于包头地区。

（三）建造活动繁盛

随着百姓也开始广建寺院，或是舍宅为寺，或是采用民居形式。起初召庙的建造活动多是对原有萨迦派的殿堂建筑进行扩建，所以佛殿的平面是正方形的，后期格鲁派"三段式"的平面形制传入蒙古地区，佛殿不再是空间组织的主角，进深缩短为二进深。于是一些建筑不再采用抬梁式的殿堂结构，而是直接采取民居的建造方式，如准格尔召千佛殿的经堂部分采用了卷棚顶，佛殿部分采用了硬山顶（图6-2-3a、图6-2-3b）；白塔寺前殿采用了卷棚顶（图6-2-3c）；巴氏家族建造的包头召的佛殿部分则采用了硬山顶（图6-2-3d）。

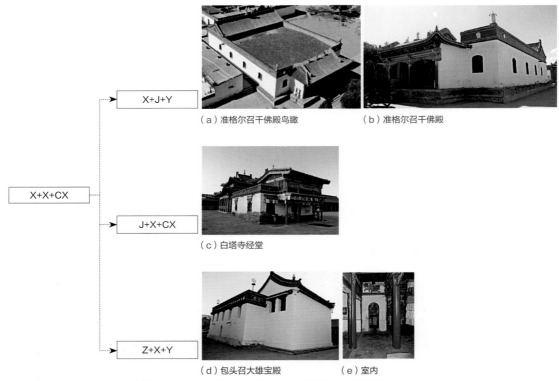

（a）准格尔召千佛殿鸟瞰　　　　（b）准格尔召千佛殿

（c）白塔寺经堂

（d）包头召大雄宝殿　　　　（e）室内

注：X代表歇山顶，CX代表重檐歇山顶，CXS代表重檐歇山顶三滴水，J代表卷棚顶，Y代表硬山顶。

图6-2-3　融入民居元素及藏式风格的屋顶组合形式

本章小结

  内蒙古中部地区汉藏结合式建筑形态随着历史的发展而表现出多样性：一方面，难以用统一的框架去总结其特征；另一方面，在这种流变中又有着底层逻辑，影响发展的脉络。

  本章分析了"纵向三殿式"的生成过程，可知"纵向三殿式"是萨迦派向格鲁派三段式过渡出现的一种建筑形制，其三殿的屋顶组合形式极具艺术表现，进而展开剖析。"纵向三殿式"以大召大雄宝殿作为范式，发展出多样形式，其变型规律受到多重职能的影响。早期，等级制度对"纵向三殿式"屋顶组合形式的影响较大；清乾隆时期，开始扶持蒙古贵族，使其相互牵制，这些寺庙原有的政治影响力逐渐减弱，所以后期所建的藏传佛教寺院等级制度不再严明，纵向三殿式的建筑形制也就发生了流变，反而受到民居以及藏式建筑的影响较大。

第七章

结语

图 7-0-1　席力图召大殿

　　各民族文化在融合的过程中产生了多种艺术的变化，每一个民族在吸取外来文化中都不会完全照搬。蒙古民族逐渐定居之后，经殿建筑作为藏传佛教文化的载体，是内蒙古地区最重要的建筑文化景观，格鲁派经殿建筑是汉藏结合式的一种，也是内蒙古地区多民族文化融合的最高成就，其代表形制是纵向三殿式。

　　本书主要工作可以归纳为以下几个方面：

　　（1）梳理了内蒙古"汉藏结合式"历史建筑的研究成果，对比分析了各位学者的概念释义、研究对象、研究方法。

　　（2）对比分析了蒙古、藏两个民族各个阶段交往的历史背景、藏传佛教在蒙古高原的传播情况，归纳总结内蒙古地区格鲁派经殿建筑的地域特征，明确了"纵向三殿"建筑形制的影响力。

　　（3）汉藏建筑文化的融合，是一个复杂的过程，本书从社会层面——建造背景、物质层面——建造逻辑和使用逻辑、内涵层面——建筑文化三个维度分析了"纵向三殿"经殿建筑的汉藏交融方式的性质差异、建筑形制的生成机制。

得出以下主要结论：

1. 汉藏结合式建筑风格在不同地域呈现出不同的表现形式，"纵向三殿式"是内蒙古汉藏结合独具地域特征的艺术表现。

自藏传佛教建筑诞生之日起，就有汉式建筑元素，百年发展以来，与中原地区交往反复，尤其是元朝对西藏地区的政治统治，使得传统建造技艺传入西藏地区。藏传佛教传播广泛，其传播地域远离政治中心，又因藏传佛教派系众多，所以汉藏结合的建筑风格表现形式多样，且难以用统一的框架解释。

现有研究成果对内蒙古地区召庙的研究并没有深究派系之分，忽略了各派系因教义、仪轨有异，建筑形制各不相同，格鲁派盛期大力推广三段式的建筑形制，保证了教育职能的实现。本书剖析了内蒙古格鲁派经殿建筑汉藏结合的表现形式，发现"纵向三殿式"是极具地域特征的汉藏结合式经殿建筑。

2. 阿勒坦汗始建、托音二世扩建的大召大雄宝殿是"纵向三殿式"经殿建筑的典型代表，因其优越的政治背景、民族文化、宗族势力被广泛推崇，是内蒙古地区格鲁派经殿建筑的范式。

（a）百灵庙   （b）白塔寺   （c）准格尔召

（d）希拉穆仁召普会寺   （e）乌素图召庆缘寺

（f）点布斯格庙   （g）美岱召

图 7-0-2　纵向三殿式经殿建筑

（a）大召鸟瞰

（b）大雄宝殿

（d）菩提殿

（c）玉佛寺

（e）乃琼庙

图 7-0-3 大召

　　任何一个历史事件都不是孤立的片段，阿勒坦汗建造大召是为了再次实现"黄金家族""政教二道"的政治理想，大召建成后影响巨大，各地蒙古统治阶级纷纷效仿兴建寺院，掀起了内蒙古高原第一次建造格鲁派寺院的高潮。蒙藏前两次的联盟由蒙古主导，藏式建筑文化处于弱势地位，汉式建筑文化处于强势地位，是输出方，此时期内蒙古地区建造的殿堂建筑并没有引入藏式元素，而是以萨迦派遗留式为主。

北元灭，大召并没有随着阿勒坦汗家族的失势而衰败，获封帝庙后，在托音二世的主持下，呼和浩特八大寺大举修缮、扩建，在这次建造活动中，大召形成纵向三殿的大雄宝殿，成为内蒙古地区的格鲁派殿堂建筑的官式样式。

清廷主导的第三次蒙藏联盟，性质与前两次不同，藏传佛教寺院成为清廷管理、监听机构，清廷鼓励、支持蒙古统治阶级、百姓建造寺院，掀起第三次格鲁派建寺高潮，蕴含"政教二道"寓意的纵向三殿式作为原型，衍生出多种汉藏结合的形式。清后期"大召模式"依然是内蒙古中部地区的重要建筑形式，但已不再独占鳌头。

3."纵向三殿式"的发展经历了初期、形成期、成熟期、衍生期，汉藏建筑文化融合的过程并非一蹴而就，而是由表及里、由简单到复杂的动态过程，最终呈现的汉藏结合式经殿建筑的艺术形式纷繁，是蒙古、汉、藏多民族文化融合的艺术结晶。

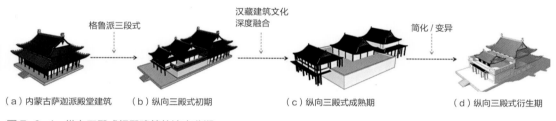

（a）内蒙古萨迦派殿堂建筑　　（b）纵向三殿式初期　　　　　（c）纵向三殿式成熟期　　　　　（d）纵向三殿式衍生期

图 7-0-4　纵向三殿式经殿建筑的演变分期

每一座殿堂建筑都有自己的生命力，随势兴盛衰落，建筑形态并非从一而终、毫无变化，而是随着政治、文化背景的更迭始终在演变，如果不以发展的思路进行研究，就会得出错误的结论。

文化具有包容性和开放性，随着不同种族的深入交流，文化的融合势必发生，从建造逻辑和使用逻辑两方面展开分析。随着汉藏建筑文化的逐步深度融合，可将"纵向三殿式"的殿堂建筑划分为四个发展时期：（1）初期："先汉后藏"的植入模式，在原有佛殿前加建门廊（前殿）、经堂，形成三段式布局，并以藏式元素装饰；（2）形成期：就建筑形制而言三段式布局已成规制，出现了"汉藏并置""汉藏融置"两种融合模式，"融置"可分两种，其一，结构框架完全属于汉式，藏式元素仅以装饰角色出现，其二，结构框架完全属于藏式，汉式元素以装饰角色出现；（3）成熟期：汉藏结构形式融合，呈现

"上汉下藏""内藏外汉"的模式；（4）衍生期：因"政教二道"政治理想的陨灭，在遵守"三段式"规制的前提下，"三殿"简化为"两殿"。

4."纵向三殿式"经殿建筑形制的演变过程就是统一、协调建造逻辑和使用逻辑的过程。

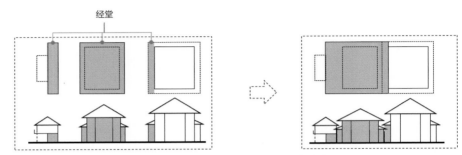

经堂

（a）初期案例——乌素图召（建筑单体与功能分区不对应，三个部分组成经堂空间）

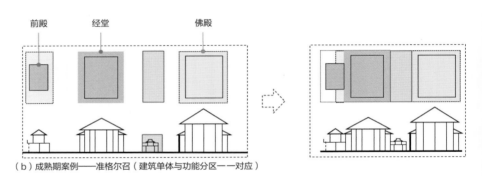

前殿　　经堂　　佛殿

（b）成熟期案例——准格尔召（建筑单体与功能分区——对应）

图 7-0-5　建造逻辑和使用逻辑的关系对比

内蒙古地区的藏传佛教建筑多是在原有寺院的基础上进行扩建的，这是元朝时期遗留的特点。明末多以"萨迦派遗留式"的殿堂建筑作为格鲁派之用，因两派的教义不同，原有的空间与新的宗教活动势必会出现不协调。

为了满足新的功能需求，在佛殿之前加建了门廊与经堂，由此诞生了"纵向三殿式"，即汉式的建构方式与格鲁派"三段式"的空间组织方式相结合。"纵向三殿式"的经殿建筑的设计思路是打破原有的建构单元，重新进行空间组织，协调建造逻辑和使用逻辑之间的矛盾。

随着清廷政策导向和格鲁派的深入传播，藏式建筑技艺逐步传入蒙古高原，建筑的结构逐渐出现藏式，甚至后期出现了汉藏结合的结构形式，建造逻辑与使用逻辑之间的矛盾得以彻底解决。

附表

呼和浩特召庙系统

类型	序号	召庙	汉称/别称	建造时间	地点	备注
七大召	1	大召	无量寺	明万历七年（1579年）	归化城西南（现呼和浩特玉泉区）	归化城第一座召庙第一任顺义王阿勒坦汗建造
	2	席力图召	延寿寺	明万历十三年（1585年）	归化城西南（现呼和浩特玉泉区）	归化城第二座召庙第一任顺义王僧哥都隆汗建造
	3	小召	崇福寺	明万历三十四年（1606年）	归化城西南（现呼和浩特玉泉区）	归化城第三座召庙第三任顺义王扯力克汗建造
	4	朋苏克召	崇寿寺	清顺治十八年（1661年）	归化城西南（现呼和浩特回民区）	原址现已建成呼和浩特市第七中学和清水湾住宅小区
	5	乃莫齐召	隆寿寺	清康熙八年（1669年）	归化城西南（现呼和浩特玉泉区）	乃莫齐召设置医学部
	6	拉布齐召	弘庆寺	清康熙三年（1664年）	归化城西南（现呼和浩特玉泉区）南柴火市街	是七大召中唯一一座全部采用汉式庙宇的寺院
	7	班第达召	尊胜寺	清康熙元年（1662年）	呼和浩特哈拉沁沟	是七大召中唯一一座坐落在城外山沟中的召庙
八小召	1	东喇嘛洞召	崇禧寺	清顺治十二年（1655年）	归化城东北的鄂奇特古山（大青山奎素沟）	
	2	喇嘛洞召	广化寺	明万历年间	归化城西毕克齐正北大青山内	
	3	乌素图召	庆缘寺	明万历十一年（1583年）	归化城西北二十里，大青山西乌苏图村	
			法禧寺	清雍正三年（1725年）	长寿寺后方（北侧）	
			长寿寺	清康熙三十六年（1697年）	庆缘寺东侧	
			广寿寺	明隆庆年间	罗汉寺北侧	席力图召附属庙
			罗汉寺	清雍正三年（1725年）	庆缘寺北侧	

类型	序号	召庙	汉称/别称	建造时间	地点	备注
八小召	4	美岱召	灵觉寺	明万历三年（1575年）	归化城西大青山脚下	
	5	什报气召	慈寿寺	清顺治十二年（1655年）	土默特左旗兵州亥乡什报气村北大青山中	喇嘛洞召属庙
	6	巧尔齐召	延禧寺	清康熙四十九年（1710年）	归化城西五什家街路北	
	7	太平召	宁祺寺	清乾隆十九年（1754年）	归化城西北	
	8	章嘉召	广福寺	初建年代不详	归化城兴隆巷北头路东	
七十二座免名召	1	古佛殿	甘珠尔庙	明万历十五年（1587年）	席力图召西院内	
	2	广寿寺	法成广寿寺	清康熙三十五年（1696年）		
	3	永安寺		清康熙三十四年（1695年）	初建于公主府北侧，后迁入大青山耗赖沟	席力图召附属庙
	4	希拉穆伦召	普荟寺	清乾隆二十四年（1759年）	包头达茂旗境内	席力图召附属庙
	5	彰庆寺		初建年代不详	土默特左旗霍寨村	席力图召附属庙
	6	永寿寺		清康熙九年（1670年）	归化城小南街东喇嘛庙巷北侧	席力图召南家庙
	7	席力图召东家庙		康熙年间	席力图召东侧	席力图召东家庙
	8	席力图召家庙	藏传佛教观音寺	清代早期	归化城石头巷22号	第四批内蒙古自治区重点文物保护单位
	9	新召	慈灯寺/五塔寺	清雍正五年（1727年）	五塔寺前街	小召附属庙
	10	灯笼素召	善缘寺	清雍正十年（1732年）	和林格尔县境内灯笼素村	小召附属庙
	11	伊玛沁召	广福寺	清乾隆九年（1744年）	土右旗小召子村	小召附属庙

类型	序号	召庙	汉称/别称	建造时间	地点	备注
七十二座免名召	12	岱海召	荟安寺	清乾隆二十八年（1763年）	凉城县东20里	小召附属庙
	13	塔尔梁召	善延寺	清乾隆三十四年（1769年）	和林格尔县境内南山中	小召附属庙
	14	乃春庙	藏康庙	明万历十五年（1587年）	归化城大召西仓①内	安放阿勒坦汗骨灰之庙
	15	霍寨召	福慧寺	清顺治八年（1651年）	呼和浩特金川开发区霍寨村	大召附属庙
	16	菩萨庙	大召东仓庙	清康熙三十六年（1697年）	归化城大召东仓内	大召附属庙
	17	新城庙	菩萨庙	清雍正元年（1723年）	绥远城西南（今新城宾馆内）	大召附属庙
	18	福庙	家庙	清乾隆四年（1739年）	绥远城东北家庙街	大召附属庙
	19	吉特库召	萨拉齐庙	清康熙三十六年（1697年）	土默特右旗境内	朋苏克召附属召
	20	岢岚召	隆福寺/迦蓝召	清康熙三十四年（1695年）	南顺城街东马莲滩	乃莫齐召附属庙
	21	普祯寺		清乾隆二十九年（1764年）	卓资县大榆树村	乃莫齐召附属庙
	22	南喇嘛洞召	全庆寺	清乾隆五十九年（1794年）	和林县大红城榆树沟	乃莫齐召附属庙
	23	珠尔沟召	中广化寺	清顺治十五年（1658年）	土默特左旗珠尔沟村	喇嘛洞附属庙
	24	沙尔沁召	西广化寺	清顺治十五年（1658年）	土默特右旗沙尔沁村北	喇嘛洞附属庙
	25	新召	广成寺	清康熙九年（1670年）	土默特右旗沙尔沁村北	喇嘛洞附属庙
	26	珠尔沟召	全化寺	清康熙三十六年（1697年）	土默特左旗珠尔沟村	喇嘛洞附属庙

---

① 西仓，即西院。

类型	序号	召庙	汉称 / 别称	建造时间	地点	备注
七十二座免名召	27	苏木沁召	华严寺 /堡子庙	明万历四年（1576 年）	归化城东苏木沁村	
	28	圪什贵召		清顺治五年（1648 年）	土默特左旗北什轴乡圪什贵村	
	29	兴福寺		清顺治七年（1650 年）	归化城南茶坊	清康熙三十一年（1692 年）赐名
	30	大洼村庙		清顺治八年（1651 年）	归化城东大洼村	
	31	沙尔沁召	灵照寺 /萨沁召	清顺治十四年（1657 年）	土默特右旗北乃图村	
	32	祝乐庆召	广安寺	清顺治十五年（1658 年）	托克托县	
	33	毕克齐召		清康熙二年（1663 年）	土默特左旗毕克齐镇	
	34	彭松召	广集寺	清康熙六年（1667 年）	土默特左旗毕克齐北山	
	35	同经寺		清康熙二十年（1681 年）	呼和浩特城东白塔村	大召附属庙
	36	百灵庙	贝勒庙 /鸿鳌寺	清康熙二十四年（1685 年）	达茂旗境内	
	37	小潮岱庙		清康熙二十八年（1689 年）	归化城东小潮岱村	
	38	二十家村庙		清康熙三十五年（1696 年）	归化城东南二十家村	
	39	长寿寺		清康熙三十六年（1697 年）	归化城西北乌素图村	
	40	里素召	增福寺	清康熙三十六年（1697 年）	土默特左旗境内里素村	
	41	沙尔木楞召	永福寺	清康熙五十八年（1719 年）	土默特左旗境内彭松营	
	42	广法寺		清康熙五十八年（1719 年）	土默特左旗境内彭松营	

类型	序号	召庙	汉称/别称	建造时间	地点	备注
七十二座免名召	43	拉哈兰巴召	法禧寺	清康熙五十九年（1720年）	归化城乌素图村	
	44	罗汉寺		清雍正七年（1729年）	归化城乌素图村	
	45	昆都仑召	法禧寺	清雍正七年（1729年）	包头市	
	46	托里不拉克召	仁佑寺/慈阴寺	清雍正十年（1732年）		
	47	庆元寺		清雍正十三年（1735年）	归化城乌素图村	
	48	珠尔沟召	金元寺	清乾隆三年（1738年）	土默特左旗毕克齐北大青山中	
	49	卡特利召	普安寺	清乾隆十三年（1748年）	土默特左旗境内	
	50	五当召	广觉寺	清乾隆十四年（1749年）	固阳县五当沟内	
	51	召湾召	广宁寺	清乾隆十八年（1753年）	归化城东罗家营古楼板	
	52	西讨速号庙		清乾隆十九年（1754年）	归化城东南讨速号村	
	53	苏卜盖召		清乾隆二十二年（1757年）	土默特左旗苏卜盖村	
	54	菩提寺		清乾隆二十二年（1757年）	绥远城东南	
	55	法禧寺		清乾隆三十四年（1769年）	四子王旗境内库伦图	
	56	民安召		清乾隆三十年（1765年）	土默特左旗境内陶思浩小万家沟村	
	57	药王寺		清乾隆三十三年（1768年）	归化城（现呼和浩特回民区）西北20里西乌素图村西	
	58	南山寺		清乾隆五十年（1785年）	呼和浩特和林格尔县	

类型	序号	召庙	汉称/别称	建造时间	地点	备注
七十二座免名召	59	白庙		清乾隆五十年（1785年）	归化城西南（现呼和浩特玉泉区）白庙子村	
	60	奉旨召	广宁寺	清乾隆五十八年（1793年）	托克托县中滩召湾村	
	61	苏木召	白塔寺	清嘉庆二十年（1815年）	土默特左旗察素齐镇召庙南	
	62	黑格林召	朝阳洞召	清乾隆年间	土默特左旗北克齐北青山乡	
	63	红召	葛根庙	清康熙年间	乌兰察布市卓资县红召乡	
	64	东大庙	汇祥寺	清康熙年间	乌兰察布市凉城县东北元山村	
	65	常合理召	广福寺	清康熙年间	土默特左旗常合理村	忽毕勒嘎喇嘛化布施建；民国二十五年（1936年）已毁
	66	都贵召	广福寺	清乾隆年间	托克托县东南	
	67	红山口召	延庆寺	清初	归化城（现呼和浩特回民区）大青山红山口山谷中	
	68	乃只盖召		清代	托克托县乃只盖村	
	69	普增寺		清代	归化城东石人湾（现呼和浩特赛罕区）	
	70	普化寺		清代	土默特左旗小万家沟	
	71	讨合气召	佛寿寺	不详	土默特左旗西讨合气村	
	72	什尔板申召	公和寺	不详	土默特左旗土什村	

注："八大召、七小召、七十二个免名召"多建于明清，尤其是康熙、乾隆时期，是建召高潮。清末民初，由于失去清政府的支持，鲜有新建召庙，已建召庙也逐渐衰败。

七大召现仅存：大召、席力图召、乃莫齐召、拉布齐召（近年复建）、班第达召（近年复建）。

八大召现仅存：喇嘛洞召、乌素图召、美岱召。

七十二免名召仅存：五塔寺、希拉穆伦召、五当召、古佛殿、乃春庙、蒙古观音庙、长寿寺、法禧寺、罗汉寺。

参考文献

[1] 吴佳雨，丁新军，徐敏，等．论内蒙古召庙遗产的三域空间保护［J］.
     建筑学报，2014（1）.

[2] 托亚，周博．汉藏建筑文化融合视野下的普会寺建筑装饰艺术研究．
     ［J］.装饰，2018.

[3] 李若水．辽代佛教寺院的营建与空间布局［D］.北京：清华大学，
     2015.

[4] 高山杉．长尾雅人．西藏佛教和学问寺［J］.读书：2001.

[5] 长尾雅人．关于喇嘛教的神像［J］.金申，译．敦煌研究：2002（3）.

[6] 长尾雅人．喇嘛庙的分布及其存在形态［J］.长命，译．内蒙古学信息：
     1995（3）.

[7] 包慕萍．蒙古帝国之后的哈敦和林木构佛寺建筑［J］.中国建筑史论汇
     刊，2013（2）.

[8] 成丽．中国营造学社测绘调查研究史略［J］.西安建筑科技大学学报
     （社会科学版），2013（2）.

[9] 刘敦桢．中国古代建筑史［M］.北京：中国建筑工业出版社，1984.

[10] 张驭寰．内蒙古古建筑［M］.天津：天津大学出版社，2009.

[11] 周辉．建筑遗产调查记录方法研究［D］.重庆：重庆大学，2018.

[12] 王明贤．名师论建筑史［M］.北京：名师论建筑史，2009.

[13] 王贵祥．被遗忘的艺术史与困境中的建筑史［J］.建筑师，2009（5）.

[14] 王浩．藏北藏传佛教寺院研究［D］.南京：南京工业大学，2013.

[15] 梁威．藏东藏传佛教建筑研究［D］.南京：南京工业大学，2012.

[16] 李臻赜．川西高原藏传佛教寺院建筑研究［D］.重庆：重庆大学，
     2005.

[17] 吴晓红．拉萨藏传佛教寺院研究［D］.南京：南京工业大学，2006.

[18] 牛婷婷．藏传佛教格鲁派寺庙建筑研究［D］.南京：南京大学，2011.

[19] 龙珠多杰．藏传佛教寺院建筑文化研究［D］.北京：中央民族大学，
     2011.

[20] 张曦. 川藏茶马古道沿线藏传佛教寺院建筑研究［D］. 重庆：重庆大学，2018.

[21] 牛婷婷. 哲蚌寺建筑研究［D］. 南京：南京大学，2008.

[22] 郑斌. 拉萨大昭寺建筑特征及现实意义的研究［D］. 西安：西安建筑科技大学，2005.

[23] 陈玮. 色科寺的历史与现状研究［D］. 兰州：兰州大学，2011.

[24] 柏景，杨昌鸣. 甘青川滇藏区传统地域建筑文化的多元性［J］. 城市建筑：2006（6）.

[25] 李江. 明清甘青建筑研究［D］. 天津：天津大学，2007.

[26] 刘立坤. 青海海东地区藏传佛教建筑研究［D］. 南京：东南大学，2018.

[27] 董旭. 承德普陀宗乘之庙历史与建筑研究［D］. 张家口：河北师范大学，2013.

[28] 仇银豪. 北京藏传佛教寺院环境研究［D］. 北京：北京林业大学，2010.

[29] 刘先觉. 现代建筑理论［M］. 北京：中国建筑工业出版社，2008，5.

[30] 张鹏举. 内蒙古藏传佛教建筑［M］. 北京：中国建筑工业出版社，2012.

[31] 萧默. 凝固的神韵［M］. 北京：清华大学出版社，2006.

[32] 张驭寰. 中国西部古建筑讲座［M］. 北京：中国水利水电出版社，2010.

[33] 潘谷西. 中国古代建筑史（第四卷）：元明建筑［M］. 北京：中国建筑工业出版社，2009.

[34] 张鹏举. 内蒙古地域藏传佛教建筑形态研究［D］. 天津：天津大学，2011.

[35] 罗竹风，陈泽民. 宗教学概论［M］. 上海：华东师范大学出版社，2001.

[36] 韩瑛. 基于都纲法式演变的内蒙古佛教殿堂空间分类研究［J］. 建筑学报，2016（4）.

[37] 傅熹年. 中国古代城市规划建筑群布局及建筑设计方法研究［M］. 北

京：科学出版社，2016．

[38] 孙大章．中国古代建筑史（第五卷）：清朝建筑［M］．北京：中国建筑工业出版社，2009．

[39] 牛婷婷．浅谈西藏政教合一时期寺庙中的宫殿建筑——以萨迦寺和哲蚌寺为例［J］．华中建筑，2010（9）．

[40] 宝力格．草原文化概论［M］．呼和浩特：内蒙古教育出版社，2007．

[41] 斯日古楞．藏传佛教的发展及其特点［J］．内蒙古民族大学学报（社会科学版），2015（1）．

[42] 胡日查，乔吉，乌云．藏传佛教在蒙古地区的传播研究［M］．北京：民族出版社，2012．

[43] 蒙古族简史编写组．蒙古族简史［M］．呼和浩特：内蒙古人民出版社，1979．

[44] 阿旺．事实胜于雄辩——评夏格巴对元末西藏历史的歪曲［J］．青海民族学院学报，2019（3）．

[45] 柳陞祺．西藏的寺与僧［M］．北京：中国藏学出版社，2011．

[46] 官学宁．内蒙古藏传佛教格鲁派寺庙——五当召研究［D］．西安：西安建筑科技大学，2003．

[47] 元史（卷二〇二）［M］．北京：中华书局，1976．

[48] 赵改萍．元明时期藏传佛教在内地的发展及影响［D］．成都：四川大学，2007．

[49] 金启孮．呼和浩特召庙、清真寺历史概述［J］．内蒙古大学学报（哲学社会科学版），1981（4）．

[50] 赵丹．内蒙古"查玛"的表现形式与文化内涵［D］．兰州：西北民族大学，2017．

[51] 王辉胜．内蒙古藏传佛教建筑发展的历史分区及各时期殿堂空间特点［C］．中国民族建筑研究会学术年会暨第二届民族建筑（文物）保护与发展高峰论坛，2008．

[52] 德勒格.内蒙古喇嘛教史［M］内蒙古：内蒙古人民出版社，1998.

[53] 金城修.明清之际藏传佛教在蒙古地区的传播［M］.北京：社会科学文献出版社，2006.

[54] 晓克."大板升之战"及其影响［J］.内蒙古社会科学，2018（6）.

[55] 乔吉.蒙古佛教史［M］.呼和浩特：内蒙古人民出版社，2008.

[56] 金峰.呼和浩特十五大寺院考［J］.内蒙古社会科学，1982.

[57] 鲁宁.清朝对蒙古地区宗教政策及宗教立法研究［D］.呼和浩特：内蒙古大学，2009.

[58] 陈喆.简析内蒙古与西藏喇嘛寺建筑的异同［J］.西藏研究，1991（4）.

[59] 刘明洋.包头藏传佛教建筑文化研究［D］.广州：华南理工大学.2010.

[60] 宿白.藏传佛教寺院考古［M］.北京：文物出版社，1996.

[61] 王建军.浅谈美岱召扩建足迹［J］.新西部，2012（6）.

[62] 王磊义，姚佳轩，郭建中.藏传佛教寺院美岱召五当召调查与研究［M］.北京：中国藏学出版社，2003.

[63] 乌云.清代呼和浩特土默特地区黄教寺庙建筑的历史变迁［J］.内蒙古大学学报（哲学社会科学版），2017（2）.

[64] 田宏利.漫画草原上的佛教传播与召庙建筑［M］.呼和浩特：内蒙古人民出版社，2019.

[65] 鲁乐乐.呼和浩特藏传佛教建筑研究［D］.北京：北京建筑大学，2018.

[66] 莫日根.大召汉藏结合式正殿建筑艺术研究［J］.中外建筑，2017（9）.

[67] 金峰.呼和浩特大召［J］.内蒙古师院（哲学社会科学版），1980（5）.

[68] 刘瑞军.呼和浩特大召寺寺院管理研究［D］.兰州：西北民族大学，2018.

[69] 刘磊.呼和浩特大召研究［C］.中国民族建筑（文物）保护与发展高峰论坛，2018（1）.

[70] 李娜. 内蒙古大召寺建筑遗产价值研究［J］. 呼和浩特：内蒙古工业大学，2019.

[71] 迟利. 呼和浩特现存寺庙考［M］. 呼和浩特：远方出版社，2016.

[72] 塔娜. 内蒙古席力图召历史及其现状研究［D］. 北京：中央民族大学，2018.

[73] 莫日根，李贞. 席力图召汉藏结合式大经堂建筑艺术研究［J］. 中外建筑. 2018（6）.

[74] 巴雅尔. 呼和浩特市席力图召［J］. 内蒙古画报，2007（4）.

[75] 莫日根. 内蒙古席力图召古佛殿的正殿属性研究［J］. 山西建筑，2014（29）.

[76] 陈华伟. 鄂尔多斯高原藏传佛教文化地理研究［D］. 西安：陕西师范大学，2014.

[77] 韩福海，韩钧宇. 美丽的准格尔召［M］. 呼和浩特：内蒙古人民出版社，2008.

[78] 张义忠，郭兆儒. 包头昆都仑召建造过程考［J］. 河南大学学报（自然科学版），2011（10）.

[79] 托亚. 基于"伽马地图"分析的藏传佛教建筑空间组织形式研究——以内蒙古呼和浩特乌素图召为例［J］. 建筑与文化，2016（12）.

[80] 乔吉，孙利中. 内蒙古寺庙［M］. 呼和浩特：内蒙古人民出版社，2014：37-38.

[81] 陈未. 大召模式——关于土默特地区藏传佛教寺院钦措大殿模式成因的思考［J］. 2016年中国建筑史学会年会论文集，2016.

[82] 田永复. 中国古建筑知识手册［M］. 北京：中国建筑工业出版社，2013.

[83] 侯幼彬. 中国建筑美学［M］. 北京：中国建筑工业出版社，2009.

[84] 袁晓蝶，杨宇亮. 藏族聚落"人神共生"空间的成因与模式特征［J］. 住区，2018（6）.

后记

2005 年，跟随兰州交通大学的许新亚老师赴甘肃拉不楞寺测绘调研，那时候我还不知道，从此会和藏传佛教建筑结下奇妙的缘分。

2016 年夏，时隔数十年，再赴拉不楞寺调研，大约是旅游季节的缘故，给我的印象只有拥挤，巨大的停车场，艰难挪动的车流，这与我印象中的拉不楞寺相去甚远。2005 年的拉不楞寺很安静，一座寺院，一个村庄，一条商业街，建筑肌理疏密得当，有巷子，也有广场。当时我们小组负责测绘白度母殿，这是一座佛殿，平面呈"凹"字形，我负责绘制平面图，门窗大样，剖面、立面由另外两位组员苗竺昱、张旭绘制。恬静的下午，太阳晒得暖暖的，我坐在院子里画门窗大样，当时心里突然冒出个念头，看似随意装饰的窗花，画着画着好像找到了它的规律，应该好好研究一下，好奇的种子就此种下。许新亚老师在《世界建筑》发表了《拉不楞寺藏族传统宗教建筑》一文，文中插图选用了我们小组绘制的白度母殿的一层和二层的平面图、剖面图、立面图[①]。

2007 年，跟随内蒙古工业大学张鹏举老师的研究团队开始调研内蒙古地区的召庙建筑。此后三年，或是驻扎在寺院、或是乡间走访，至此，真正开始走进藏传佛教建筑研究领域。多年之后，翻开《内蒙古召庙建筑》，看到一座座召庙建筑，马上就能回到其中，它的格局、形制，当时的天气、阳光，历历在目、栩栩如生、身临其境。

2013 年，师从周博老师，再度走进学习的殿堂。在我求学期间，先生亲自带领研究团队帮我攻克研究难题。在草原上驰骋，在深山里穿行，这一阶段我得到了深刻的历练。

我看书的时候总算是略过作者的感谢致辞、长长的人员名单，但是自己在后记中却想罗列出对完成此书有帮助的每一个人。在研究、撰写过程中，难以推进时，每每想到他们慷慨的帮助，就会给予我动力，此时当我写下这些文字的时候，感激之情跌宕，仍然满溢于心。

---

① 《世界建筑》2006 年第 8 期，110-113 页。白度母殿一层和二层的平面图由我绘制，剖面图由苗竺昱绘制，立面由张旭绘制。

完成博士答辩后，第一时间联系了许新亚老师，感谢她带我走进藏传佛教建筑的研究领域，感受她的艺术魅力！

人生难免迷茫，不知何去何从，而我不知不觉中已经接触藏传佛教建筑研究近二十年，它之于我，犹如敖包之于草原，每当念及如此，不由感谢恩师张鹏举先生，先生之于我亦犹如暗夜灯塔，指引我前行。

写这些文字的时候，恰逢不惑之四十，回想起而立之年，正师从周博先生，先生总是在工作间隙，从他的书桌走出来，到外面的书架前翻看一会儿，与我们闲聊几句。先生的沉稳、儒雅总会把我从焦虑、慌乱的状态中拉出来，所以我很珍惜跟先生学习的时光。

感谢大连理工建艺馆门前的唐竹，校园中的梧桐树，它们陪伴了我仰望智慧的时光。

感谢白丽燕、韩瑛、白雪、薛剑、李国宝、杜娟、王志强……感谢你们在研究召庙的道路上和我一起前行，感谢你们见证了我的青葱岁月。

感谢召庙建筑，这份宝贵的建筑遗产，于我而言还有另一重意义，借由对它的研究，我体会到深度思考的快乐，让我领略到了智慧的灵光，体悟到人与世间万物的深刻关系，加深了我对生命的体验。

虚怀如竹，厚实如桐！